JN232234

数学の贈り物

森田真生

数学の贈り物

―偶然の贈り物

先日、もうすぐ三歳になる息子が、「おとーさん、だれかのおとしものをさがしにいこうよ！」と誘ってきた。あたりはすでに暗いが、僕は彼と夜の哲学の道に出た。息子は、さっそく大きな懐中電灯を手に、いかにも何かを探している様子だ。立ち止まり、じっと地面を覗く。何の変哲もない砂利の山を、大事そうに調べる。と、突然、「だれかのおとしもの、みつけた！」と、大きな声で叫んだ。

偶然とは何か。それは第一に、あることもないこともできるものである。第二に、何かと何かが遇うことである。第三に、稀にしかないことである。このように論じたのは、哲学者の九鬼周造である。息子は、奇しくも九鬼が眠る墓所の近くで、いま、偶然の小石にめぐり合ったのである。

目の前の何気ない事物を、あることもないこともできた偶然として発見するとき、人は驚きとともに「ありがたい」と感じる。「いま（present）」が、あるがままで「贈り物（present）」だと実感するのは、このような瞬間である。

五年前から季節ごとに、書き続けてきた十九篇のエッセイを、この一冊の本に収めた。「現在」という贈り物は、いつも目の前にある——僕はただこの感動を、言葉でつかまえようとしてきたのである。

そのため、「数学」だけがこの本の主題ではない。ときに数学の概念や思考を糸口としながら、孟子や荘子、道元や芭蕉、フランシスコ・ヴァレラやアラン・ケイなど、あらゆる分野の先達の言葉が手がかりになる。手許にない何かを得ようとするのではなく、はじめから手許にあるものを掴む。そのために僕は、自分の存在すべてを、思考で満たそうとしてきたのである。このとき、学問の分野やジャンルの区別は、もとより念頭にはない。

一冊の本が生まれるまでには、たくさんの書かれなかった言葉たちがある。あることもないこともできたはずのまま、逡巡の果てに、書かれないままに終わった言葉たちがある。九鬼周造の言う通り、「偶然性において、存在は無に直面している」のだ。

僕は、ここに収められたエッセイを読み返しながら、その時々の風景を思い出している。子どもたちと遊んだ原っぱ、花瓶に生けられたスターチス、パリの朝のグレープフルーツジュース、病院まで駆けた日の雨の道……。そうであったことのすべては、そうでなかったこともできたはずだ。無に直面しながら、無に転落することなく、偶々（たまたま）そうであったことのすべての果てに、この一冊の本が生まれた。

僕はこの偶然に驚く。そしてこの偶然が、読者にとっても喜びであってほしいと願う。どうかゆっくり、こころゆくまで楽しんでください。

数学の贈り物

目次

III

IV

I

二〇一四年一月一日

捨身

弘法大師空海は、まだ真魚（まお）と呼ばれていた七歳のとき、標高四八一メートルの倭斯（わし）濃山（のやま）に登り、断崖に自ら身を投げた。

「私に衆生を救う力があるならば、釈迦如来（しゃかにょらい）よ、姿を現したまえ。そうでないならば、この身は諸仏に捧げよう」

そう覚悟を決めて、真魚は潔く絶壁から飛び降りた。

伝説によればこのとき俄（にわか）に紫雲（しうん）とともに釈迦如来が出現し、雲の中で天女が真魚を優しく抱きとめたという。

あらゆる執着を手放したとき、人は周囲に充ち満ちているものの気配に目覚める。無防備に深闇にすべてを投げ出すとき、人はそれを「どこかで優しくうけ止めてくれる不思議な愛の腕*」に包まれる。手放せば手放すほど現れる。あきらめればあきらめるほど頼もしくなる。この逆説にこそ、心のはたらきの神秘がある。

かつてフランシスコ・ヴァレラ（Francisco Varela, 1946-2001）は、その早過ぎる死を前にして、慈愛に満ちた笑みを浮かべてこう呟（つぶや）いた——

Life is so fragile, and the present is so rich.

ヴァレラは二十代の頃にチリの生物学者ウンベルト・マトゥラーナ（Humberto Maturana, 1928-）とともにオートポイエーシスの概念を提唱し、生物学・認知科学の分野で目覚ましい活躍をしながら、晩年は自らチベット仏教徒となって、科学と仏教の方法の統一を追求した人である。その思想がまさに円熟しつつあったとき、C型肝炎による肝臓ガンを患い、五十四歳でこの世を去った。

“life is so fragile” というのは、そんな晩年のヴァレラの差し迫った実感である。いまにも消え入りそうな命とともに、たしかな根拠にしがみつこうとすればするほど、ますます闇は深まるばかりだ。かえって一切の執着を離れ、あらゆる根拠を手放したとき、豊かな、ありありとした「いま」が現れる。そのことをヴァレラは、仏教から学んだのである。

生の儚(はかな)さと現在の豊かさは、同じ現実の両面なのだ。生が脆(もろ)いからこそ、その弱さと、儚さのままにすべてをうけ止めるとき、そこに現れる「いまのいま」は、眩(まばゆ)いばかりに豊穣である。

生の儚さをあきらめきることが、即ち「いま」の豊かさに目覚めることだ。死を迎えるにはあまりにも若かったヴァレラも、衰えていく肉体を生きながら、「不思議な愛の腕」に優しく抱かれていたのだろう。彼は最期まで、“the present so rich” の中にいた。

科学の第一線で活躍しながら、科学にはこの「richness of the present（いまのいまの豊かさ)」が欠落していると、厳しく指摘したのがヴァレラだった。

著書『身体化された心』のなかで、彼は次のように語る。すなわち、科学は「心とは何か」「身体とは何か」を問い、理論的に反省し、分析する。こうしてさまざまな主張が生まれ、実験が遂行され、いくつもの「結果」が生み出されるが、その過程でしばしば「そもそも問いを問うているのは誰か」という根本前提が忘却される。そうして問いそのものが、生きられた「現在」とは無縁の、「誰のものでもない」ものとして宙吊りになる。

そもそも、「事物の渦中を生きる代わりに、事物を操作する方を選ぶ」ことに、科学の強みがある。だが、こと認知科学においては、これまでの方法はもはや通用しない。心を理解しようとするのもまた、その当の心だからだ。認知科学の対象は、「認知科学する心」から切り離すことができないのである。

ヴァレラはこの著作のなかで、デカルト以来三百年の科学と哲学の歴史を振り返りながら、西洋の近代的思惟(しい)の盲点を暴(あば)いていく。彼に言わせれば、「経験を度外視した身体と心の存在論的関係」を問う、いわゆる「心身問題」そのものが、哲学者たちの「脱身体化された心」の所産にすぎない。

西洋の科学と哲学は、存在のたしかな「根拠」と「基礎」を探し求めて努力を積み重ねてきたが、根拠に執着する心の傾向自体が、問題とされることはなかった。一方、仏教においては、根拠への執着を手放すことが、あらゆる探究の出発点である。自我と根拠への執着を離れた「三昧（さんまい）」の境地において、はじめて皓々（こうこう）たる「現在」が現れるのであって、そこでようやく「現実の経験における身体と心の関係」の探究ははじまる。根拠への欲求と執着に囚（とら）われたままでは、心と身体の問題を、そもそも正しく問うことすらできない。

ヴァレラの訴えは、数学者・岡潔（1901-1978）の晩年の言葉を想起させる。岡潔もまた、自我と根拠への執着を戒め、実感にはじまり実感に終わる、新しい科学をはじめようとした人である。

自我を自分と思っていると、自分は肉体が死ねば死ぬものとしか思えない。また死に対する恐ろしさを必ず感じる。これに対して真我が自分だとわかると、悠久感が伴い、実際の季節の如何にかかわらず春の季節感が必ず伴う。

——「自己とは何ぞ」（『岡潔「日本の心」』所収）

数学の本質は、まだ見えない研究対象に関心を集め続けてやめないことである。そのとき、自分も、対象になりきっていなければならない。対象から切り離された「自我」ではなく、対象と通い合う「真我」を生きる。「真我を自分と思っていると、この一生が長い向上の旅の一日のように思われる」のだと岡は語った。

＊＊＊

さて、本日は元旦である。

かつて正月に、澤木興道禅師（1880-1965）のもとを弟子が訪ね「おめでとうございます」と何気なくあいさつをした。すると和尚は、「何がめでたい。何がめでたい」と言いながら、一歩一歩、弟子の方へと詰め寄った。

正月だからめでたいというのか。元旦だからめでたいというのか。そんな相対的なめでたさではなく、目の前の“the present so rich”に目覚めよ。この「いまのいま」にある、絶対のめでたさをこそ喜べ。澤木和尚は、言外にそう、伝えようとしたのではないか。

正月である。元旦である。そしてなにより、眩いばかりの「いまのいま」がある。岡潔が詩人の言葉で歌いあげ、フランシスコ・ヴァレラが命の限りを尽くしてかたちにしようとした思考から、私たちはまだ多くのことを学びとらなければならない。彼らは詩人であり、宗教者であり、また新しい時代の科学者であった。

科学が二十一世紀においてもなお、人類にとっての切実な、生きた営みであり続けるためには、それは“the present so rich”を、内包したものでなければならない。岡とヴァレラの生きた道程は、私たちに託されたメッセージであり、「豊かな贈り物(rich present)」なのである。

どうか今年も、絶対的にめでたい正月を、お過ごしください。

＊「一切のものは絶えず無に顚落し、その同じ瞬間にまた有に向ってつき上げられながら、永遠にそれを自覚することなく、ただそのまま『永遠の交換』（ヘラクレイトス）を繰返すばかりであるが、ただ人間にのみ、忽然としてこの実相が開示される瞬間が来る。そのとき、人は自己の、そして自己を囲繞する万物の没落しつつある無の深淵の怖るべき裂罅をのぞき見て、思わず絶望の叫喚を発するとともに、それと同時に、落下する自己と万物とをどこかで優しくうけ止めてくれる不思議な愛の腕のあることに気づくのである」（『井筒俊彦全集第二巻　神秘哲学』慶應義塾大学出版会）

――

〈参考文献〉

岡潔『岡潔　「日本の心」』日本図書センター（一九九七）
澤木興道『禅談《改定新版》』大法輪閣（一九九七）
F・ヴァレラ、E・トンプソン、E・ロッシュ『身体化された心』田中靖夫訳、工作舎（二〇〇一）
Francisco J. Varela, Evan Thompson, Eleanor Rosch, "The Embodied Mind: Cognitive Science and Human Experience", The MIT Press (1992)

二〇一四年七月一日

風鈴

軒下（のきした）に、風鈴（ふうりん）をさげた。
さっそく風に揺られるままに、
チリンチリン、チリリンと、澄んだ音色で鳴いている。
風鈴というと、『正法眼蔵（しょうぼうげんぞう）』「摩訶般若波羅蜜（まかはんにゃはらみつ）」の巻を思い出す。道元禅師三十四歳のときに著された、道元説法の第一声とも言われる巻である。その終盤で、道元は自らの師、如浄禅師の詩（「風鈴の頌（じゅ）」）を紹介している。

渾身(こんしん)口に似て虚空に掛かる、
東西南北の風を問はず、
一等佗の為に般若を談ず、
滴丁東了滴丁東。

まるで全身を口のように大空に開いて吊り下げられた風鈴は、
東西南北、吹く風を選ばず、
ただひたすら、他のために般若を説いている、
チリンチリン、チリリン。

風鈴は、虚空を吹き抜く宇宙の風を、
優しい澄んだ音楽に変える。
チリンチリン、チリリン。
生きるということは、虚空に風鈴が鳴ることに似ている。

肉体が生滅をくり返す、その間も風は、休みなく吹いている。

二千三百年前のギリシアに、ユークリッドという名の数学者がいた。紀元前三〇〇年頃のアレキサンドリアを生きたと言われるこの人物が編纂した『原論』は、いくつもの写本を経て、その大要が現代にまで受け継がれている。それは、数学史上最も長く読み継がれてきた古典であり、現代に連綿と伝わる古代の風だ。

『原論』に僕がはじめて触れたのは、中学一年生のときだった。学校の数学で、第一巻の命題の証明を、一つずつ再現させられる授業があった。僕はこの授業が気に入って、毎週、幾何の時間が楽しみだった。

明示された仮定から出発して、ひたすら論証だけを頼りに命題のネットワークを構築していく作業は、さっぱりとしていて湿り気がなく、心に爽やかな風が吹き抜けるようで好きだった。もちろん感じ方は人それぞれで、ユークリッドのスタイルを、爽やかというより無味乾燥と感じる人もいる。

「点は部分のないものであり、また線は幅のない長さであり、また線の端は点である……」という「定義」の羅列からはじまる『原論』には、著作の意図や狙いを語る序文のようなものはなく、唐突に二十三の定義が淡々と述べられるのみである。

定義の羅列の後には、*αἰτήματα*（アイテーマタ）と呼ばれる「要請」が、以下のように提示される。

次のことが要請されているとせよ。すべての点からすべての点へと直線を引くこと。

そして、有限の直線を連続して一直線をなして延長すること。

そして、あらゆる中心と距離をもって円を描くこと。……

——『エウクレイデス全集 第1巻「原論」I－VI』

「アイテーマタ」は一般に「公準」と訳され、「万人の認める真理」という意味に解釈されるのが普通だ。たとえば、点と点があればその間に直線が引けることは、万人の認める明らかな真理で、ユークリッドはこうした「疑いようのない真理」としての公準や公理から出発して、そこから論理的な演繹（えんえき）のみによって幾何学を構築したのだと説明される。ところが、ハンガリーのアルパッド・サボー（Árpád Szabó, 1913-2001）という数学史家は、こうしたユークリッドの「要請」に関して、興味深い異説を唱えた。

ユークリッドの時代のギリシアでは、紀元前五世紀前半のパルメニデスを始祖とする「エレア派」と呼ばれる哲学者集団が力を持っていた。パルメニデスの「あるものはある、あらぬものはあらぬ」という形而上学は、やがて、世界は永遠不変の存在であって、変化や運動は幻想であるという過激な主張を導くに至る。

サボーは『原論』の掲げる「要請」が、直線や円の作図という、ある種の「運動」に関わるものであることに注目した。そして、ユークリッドがこうした当然のことをわざわざ「要請」しなければならなかった背景に、エレア派の影響を見出したのである。

ユークリッドの時代の人々にとって、点と点があればその間に直線が引けることは、けっして万人の認める真理ではなかった。なぜなら、直線の作図は「運動」を示唆し、あらゆる運動の可能性は、エレア派に厳しく糾弾されるのが目に見えていたからだ。だからこそユークリッドは、エレア派からの攻撃に先立って、「点から点へと直線を引くこと」を「要請」する必要があったのではないかと、サボーは大胆な推論をした。

「みなさまのおっしゃることはわかりますが、ここは一つ、数学というものを展開する上で、点と点があるときには、その間に直線を引けるということにさせていただいてもよろしいでしょうか」

ユークリッドの「要請」は、ひょっとすると、このような文字通りの「要請」だったかもしれないのである。

サボーの説が正しいとすれば、*ユークリッドの「要請」は、無用な哲学的議論に巻き込まれないための予防線であったということになる。『原論』の打ち立てた形式は、過剰な哲学や意味に巻き込まれずに数学に徹する「思考の衛生」を確保するための方法だったということになる。

人は言葉を使うとつい、意味に固執してしまうものだ。ユークリッドは自らの数学の設計において、思考に余計な意味が介入するのを、厳しく戒めたのである。だからこそ、彼の形式に従うものは、ただ空っぽの渾身で、数学三昧に徹するほかない。僕が中学一年生のときに感じた「爽やかさ」の本質は、ひょっとするとこういうところにあったのかもしれない。

僕はどんなに忙しい日も、午前中の時間は、数学にあてることにしている。この時間帯だけは、日常の中の聖域である。数学をしているかぎり、思考に自我が介入する隙はない。それでいて、思考を放棄するというのでもない。

ただただ渾身で、数学の風を浴びるのである。
何かを語ろうとするのではない。かといって、沈黙するのでもない。
虚空に吹き抜ける風を音色に変えて、「一等佗の為に」これを談ずるのである。

生涯は短い。
人生は儚い。

しかし、風は休みなく吹いている。

＊サポーの説については、その後いくつかの問題が指摘されているが、『原論』が他者からの批判を強く意識して書かれたもので、無用な論争を避けるために「要請」が導入されたという見方は、依然として有力である。詳しくは『ユークリッド「原論」とは何か』を参照。

——

〈参考文献〉

『エウクレイデス全集 第1巻「原論」Ⅰ-Ⅵ』斎藤憲・三浦伸夫訳、東京大学出版会（二〇〇八）
斎藤憲『ユークリッド「原論」とは何か　二千年読みつがれた数学の古典』岩波科学ライブラリー（二〇〇八）
内山興正『正法眼蔵現成公案・摩訶般若波羅蜜を味わう』大法輪閣（二〇〇八）

身軽

二〇一五年四月一日

「近代哲学の父」と呼ばれるデカルトには、定職がなかった。

若い頃、志願兵として軍隊に入隊したことも何度かあったが、そのときも、あくまで目的は「見聞を広めること」で、俸給を受け取ろうとはしなかった。アドリアン・バイエ（Adrien Baillet, 1649-1706）の『デカルト伝』によれば、少なくとも一度だけ形式上どうしても受け取る必要があったときには、それを「軍隊生活の証拠」といって保存して、最後まで使うことがなかったそうだ。

富よりも自由を、地位よりも思索に打ち込む静謐（せいひつ）を求めたのだろう。そんな彼は、若くして亡くなった母から相続した家や農場を売却し、そこで得た資金をやりくりしながら、慎ましやかな研究者としての暮らしを続けたのである。

もちろん、人並みに職を得ることを考えたこともあっただろう。実際、二十七歳の夏に、家族の期待に応えて「できれば軍の主計官の職務を手に入れよう」と、義父が命を落としたイタリアへと旅に出ている。そこで義父の職務を引き継ごうというのが旅の「口実」だった。母の遺産を息子に託した父も、デカルトがその財産で官職を買う(当時は官職は買うか相続するかするものだった)ことを、そもそもは期待していたようだ。

ところが結局、彼が職務につくことはなかった。旅のあいだ、生活のための安定した職業の選択について最後まで逡巡したものの、自分の本当の仕事は一つしかないという結論に辿り着く。それは、「みずからの全生涯をみずからの理性の開発に用い、みずから課した方法に従って、真理の認識においてできるかぎり前進する」という「仕事」である。

普通に考えて、食える仕事ではない。それでもデカルトは、考え抜いた挙げ句、自分の心に照らして納得のできる仕事はこの他にないと、確信したのだ。

このときデカルトは二十九歳。堂々たる決断である。

芭蕉が処女作『貝おほひ』を提げて、郷里（今の三重県伊賀市）を離れ、江戸へ向かったのも、二十九歳の春だった。* その頃、彼は雑用係として武家に雇われていたとも、無職であったとも言われるが、いずれにせよ、うだつのあがらない日々である。そんな生活にけりをつけ、活気ある新興の都市に飛び込んで、俳諧に生涯を懸ける覚悟だった。

『貝おほひ』は売れた。再版も出て、やがて何人かの門人もできた。三十四、五歳の頃には談林俳諧の宗匠として活躍をするようになった。繁華街に居を構え、当代人気の「芸能人」として、派手な暮らしもしたようだ。

そんな日々に飽きたりなかったのか。あるいは、何か止むに止まれぬ事情があったのか。芭蕉は突如として俳諧宗匠の仕事を捨てて、隅田川の川向こうの深川に隠退する。

於春々大ナル哉　春と云々

と、春の底抜けの喜びを歌った同じ年の末に、物寂しい土地の草庵で「独り干鮭を嚙む」生活が始まった。

雪の朝独り干鮭を嚙み得タリ

芭蕉三十七歳の冬だ。

一切を放擲した芭蕉の心を慰めたのは、中国の古典と禅である。とりわけこの頃、仏頂和尚のもとで参禅をした経験が、後の作風に大きな影響を及ぼしたとも言われている。孤独と生活の侘しさがひしひしと身に迫るなか、俳諧の道への理想は、かえって宗匠時代よりも激しくつのった。

風に破れんばかりの「芭蕉」の身のはかなさが、次第に身軽さへと変わり、その「身軽」に重たい理想がずしりと据わっていくのは、まだしばらく後のことだとしても、ここに至って俳諧は、もはや食うための手段ではない。俳諧のために生活があり、道のために毎日がある。身を軽くすることがすなわち理想を重くしていくことであるような、「風狂」の日々がここに始まる。

生きるために道を追うのではなく、道のために生きること。
道元禅師が「ただまさに法を重くし身を軽くするなり」(『正法眼蔵』「礼拝得髄」)と言ったのも、この覚悟のことだろう。生き死にする身体と、その表面に纏(まと)ったすべてを「軽く」して、ただひたすら「理想」に向けて、生きるのだ。

春は新しい進路が決まり、道を新たに歩み出す季節。それは同時に、進路に悩み、道に迷う季節でもある。だからこそ、このことだけは肝に銘じておきたい。

道は、生きるための手段ではない。
進路は、生きるための方法ではない。

デカルトや芭蕉は、自ら心に決めた、その道のために生きた。だからこそ、その生涯は、いまだに響きを失わない。

身軽に行こう。
肚（はら）にずしりと理想を抱いて。
二十九の春、僕はそう心に決めた。

＊このとき芭蕉は数え年で二十九歳だった。芭蕉が生まれた詳しい月日はわかっていない。

―

〈参考文献〉
井本農一『芭蕉入門』講談社学術文庫（一九七七）
田中善信『芭蕉 「かるみ」の境地へ』中公新書（二〇一〇）
和辻哲郎『道元』河出文庫（二〇一一）
アドリアン・バイエ『デカルト伝』井沢義雄・井上庄七訳、講談社（一九七九）
ジュヌヴィエーヴ・ロディス＝レヴィス『デカルト伝』飯塚勝久訳、未來社（一九九八）
Desmond Clarke, "Descartes: A Biography", Cambridge University Press (2012)

白紙

二〇一五年七月一日

昨日、久しぶりに梅雨の晴れ間に、大文字山を登った。先月の激しい雷雨で土砂が崩れ、足もとが悪いところもあって、散歩にしては険しい道程である。そのぶん、登り切ったときの爽快感も格別だ。山頂からの眺めを楽しみに登る人も多い。僕は大体、考えごとをしながら登るので、山頂に着くとそのまま景色を一瞥（いちべつ）して引き返してしまうのだが、昨日は珍しく、しばらくぼうっとしていた。

すると、遠く彼方に連なる山の緑の中に、キラッと光るものが見える。正体はいまひとつ判然としないが、山の中の何かが太陽の光を反射しているのだろうと思う。それが、キラッキラッと、くり返し光る。僕は遠くのその光が、遠くに見えるということが何とも不思議に思えて、ただ凝視した。

　太陽の光が何かに当たって跳ね返り、その波動／粒子が空中を伝わって複雑な物理化学的過程を引き起こし、結果として、脳内にある活動のパターンが生成していく。この脳の活動によって、僕の「見える」という経験が生み出される。大雑把に言えば、これが「見える」ということの科学的な説明になるだろうか。

　しかし、だとしたら、なぜ山の風景は「目の前」にではなくて、遠くに、ずっと向こうに、「あそこに」はっきり見えるのか。僕が見ているのが山の中の光そのものではなくて、そこから空中を伝わり、目の中にまでやってきた光の粒子なのだとしたら、なぜ僕にいま「見える」のは、その到来してきた目の前の粒子ではなくて、身体のずっと向こうの、遠くの、山の中の、まさに「あそこの」光なのだろうか。考えれば考えるほど不思議になって、僕はただじっと、その光を見つめ続けた。

　いま僕の手前の床の間に、花瓶に生けられたスターチスがある。花は、その花が生けられたまさに「そこ」にあるように見える。僕は花から到来した光の粒子を見ているというより、その花を、じかに見ているように感じる。手の届かない、目で直接触れているわけではないその花が、その場所にありありと、はっきりと見える。

光の粒子と網膜の物理的接触というよりも、もっとはるかに親密な関係を、僕は花と結んでいるように思える。花が「見える」ということは、どこか深いところで花と直に触れ合っていることだというふうに思える。花だけでなく、花瓶と、あるいは山と空と、つまりは環境のすべてと、いつの間にか僕は心を通わせ合っていて、その「通い合う心」が「見える」「聴こえる」「わかる」ということを、背景で支えているような気がしてくる。

「見える」ということは実際、今の人類にはとてもまだ言葉にできないような、不思議で奇跡的な事態なのではないか。あまりに不思議で、あまりに大きな謎なので、かえって「当たり前」ということにされてしまう。

不思議なことを当たり前のこととして、すなわち「前提」とすることによってしか、人は前に進めないところがある。

たとえば「見える」「聴こえる」機械は作れないとしても、「見える」ことを前提として、その能力を拡張する眼鏡や望遠鏡や顕微鏡を作ることならできる。自力で「わかる」機械はなかなか作れそうにないが、人の「わかる」力を前提として、それを延長することならコンピュータにできる。

そうして人は、最大の謎を、最奥の深秘をひとまず括弧にくることにして、不思議の先に、広大な知と実用の世界を構築してきた。いまやその構築された世界はあまりに壮麗で、足もとの、前提の、すべてを支える原初の不思議の、不思議であることすら自覚されない。

数学をしていると、それまでわからなかったはずのことがある瞬間にふとわかる経験をすることがある。それは、数学を学ぶ最大の喜びの瞬間でもある。

高校時代の僕はその喜びをまだ知らず、ただ受験科目の一つとして数学を学んだ。問題集の解答をくり返し書き写して解法を「暗記」して、それで試験を突破するという、今にして思えば最悪の勉強の仕方をしていた。それによって知識やテクニックは身についても、肝心の「わかる」という経験の喜びを味わうことはできなかった。

大学に入って岡潔のエッセイに出会い、自力で解く前に解法を知ると、「それはもう解けない問題になってしまう」[*]と彼が書いているのを読んで、はじめて、解答を閉じて問題と向き合うことを知った。問題を頭に入れて、あとは白紙と対峙する。それはとても怖いことである。

白紙と向き合う時間は、地図のない森をさまようのにも似た心細さがある。つい誰かに道を訪ねたくなる。そこをぐっとこらえて、ただ自分の身一つで、白紙と辛抱強く向き合う。

方針を立てる。計算してみる。幾度も失敗をくり返しながら、それでもあきらめずに挑み続ける。そうすると、ときに本当に、真っさらの紙から始めて自分で歩んで、わかってしまう瞬間がある。最後までどうしてもわからないこともちろんあるが、最初はさっぱりわからなかった問題を、独力で解決した瞬間の喜びは格別である。

わからない自分が白紙と向き合い、辛抱強く試行錯誤をくり返しているうちに、ある瞬間「わかった」自分に変わるのだ。それはまるで母親の胎内にある日突然いのちが宿るような、「零（ゼロ）」から何かが生まれる鮮烈な体験である。それがどんな小さな、とるに足らない発見だとしても、白紙から始めて、自力で何かをわかる瞬間の喜びは何ものにも代え難い。

「見える」ことや「聴こえる」ことがそうであるのと同じように、「わかる」こともまた、大きな不思議だ。その喜びに立ち会おうとするならば、人はその不思議の芽生える場所にまで、降り立っていく必要がある。簡単に言えば、白紙と向き合う勇気をふりしぼらないといけないのである。

私たちはいま、膨大な知と技術の体系に囲まれて、日々その体系の拡張に忙しない。足もとの「不思議」は遠景に霞んで、普段あまり意識されることもない。

しかし、知や技術に「便利」はあっても、そこから根源的な喜びを汲み出すことはできない。喜びは、原初的な不思議のほうからこそ、湧き出してくるものなのではないだろうか。難解な証明を暗唱したときよりも、素朴な発見を自力で成し遂げたときのほうが、はるかに喜びは深い。

だからこそ、最初はどんなに心細く、惨めに思えたとしても、自分の身体と、一枚の白紙から、まずははじめることにしよう。そう自分に言い聞かせるように、今日、この原稿を、僕は一本のペンと原稿用紙だけを持って、ミシマ社のオフィスの一室で書いている。パソコンを使わず、辞書も使わず、文献も参照せず、ただ白紙と向き合い、そこから生まれる言葉を綴ってみようと心に決めたのだ。
いま僕の前には何枚もの書き損じの原稿用紙と、インクがにじんで黒くなった中指と、それから朝より少しだけ萎（しお）れて見えるスターチスがある。外では激しい雨が降っている。もうすっかり暗い。

あらためて、何かを生み出すことの難しさを思う。白紙からはじめて、一日の自分に成し遂げられることの小ささを思う。しかし、それでも、明日も、明後日も、また白紙から始めてみようと思う。

今日はここで、筆を置く。

一

＊「すみれの言葉」（『岡潔　「日本の心」』所収）

不一不二

二〇一五年十月一日

僕は絵が下手くそである。どれくらい下手かというと、高校時代に水彩画を描かされたとき、自分では写実的に森を描いたつもりが、先生には抽象的な生き物の絵と思われて「この脚がすごくいいよ」などと、褒められたくらい下手である。

昔から犬や花や、具体的なものを描けと言われるとまったくダメで、その代わり、自分が何を描こうとしているのかを決めないままに、白紙に自由に筆を運んでいくのは好きだ。

言葉も同じで、講演やスピーチの前に、原稿や資料をきっちり準備するのは、絵を描く前から犬や花を描くと決めているようで窮屈である。やっぱり、空手（くうしゅ）で人前に立つのが一番だ。自分が何を話すのかわからないまま、その場で言葉を紡ぐ時間は愉快だ。

キャンバスの上にはキャンバスの秩序があって、言葉の上には言葉の要求がある。それがキャンバス、あるいは言葉の外の「現実」と符合するとは限らない。現実にしたがって何かを表現することもあれば、生まれてしまった表現に、現実の方が鍛えられていくこともある。

数学などはこの典型だろう。もとはものを数えたり、距離を測ったり、現実に役立つようにつくられた言葉だが、数学には数学固有の秩序があるから、いまや物理世界の現実など構わず自由に展開している。複素数や無限次元空間など、現実からかけ離れたように見える概念が、かえって現実の認識を書き換えてしまう場合だってある。

実感を表現に写し取ったり、逆に表現にしたがって実感を更新したり。その往復こそが、創造行為の醍醐味（だいごみ）だろう。

ところで、表現が実感を牽引（けんいん）するのはいいが、実感が表現を手許にひき寄せ続けることも重要である。でないと、表現はすぐに空疎（くうそ）になる。

特に言葉は簡単に嘘になる。そもそもひとときにひとつずつしか言えないのが言葉だから、どうしたって極端になる。「嬉しい」と書けばその喜びの裏の哀（かな）しみは隠れてしまうし、「虚（むな）しい」と書けば、その言葉の底の生の意欲はかき消されてしまう。本当は、この世の重要なものごとはほとんど、あるともないとも言い切れないようなものばかりなのにだ。

「Aというのは言い過ぎだが、Aでないというのも間違いである」。そういう事態を指して仏教では「不一不二（ふいっふに）」というのだと、岡潔は晩年に京都産業大学の学生たちに語りかけている。* 「生きる意味」だってそうだろう。意味がないと言えば言い過ぎだけれど、あると言い切るのも間違いという気がする。

私事で恐縮だが、今月生まれてはじめて書いた本が世に出る。** 大好きな「本」というものの「著者」になるという日を前にして、僕の感情は揺れている。

どんな反応があるだろうか。どんなふうに読まれるだろうか。気になって仕方がない一方で、所詮は自分の書いた本。それがどう読まれようと、大宇宙の中ではあきれるほど些細なことだと、冷めた自分もいるのだ。

どちらも僕の本心である。最初の出版は僕の人生にとって大きな事件で、同時に取るに足らない出来事である。

自分の人生のことぐらいで、あまり深刻になるのは愚かだろう。かといって自分の人生にすら真剣になれないとしたら軽薄だ。真剣に生きられた些事（さじ）。その連続が人生である。

一人の一生が地球よりも重いというのは言い過ぎだと思うが、一人の人生など取るに足らないというのも間違いである。深刻になるにはあまりにも些細。かといって真剣にならないにはあまりにも貴（とうと）い。そういう時間を、僕らは日々生きているのだ。

＊この講義は『数学する人生』（新潮社）に収録されている。
＊＊二〇一五年十月、処女作『数学する身体』が新潮社から出版された。

II

君が動くたび

二〇一六年四月一日

科学は、いまの世の中において、あまりに支配的な力を持っていて、最も身近（immediate）で直接的（direct）な日常経験を相手にできないにもかかわらず、物事を説明する権威が与えられている。そのため多くの人は、素粒子の集まりとして時空を描く科学理論を重大な真理ととらえる一方で、圧倒的に豊かな、目前の身近な経験については、どちらかというと重要でない、真理から遠いものとして扱っている。ところが、晴れた日の心地良い幸福感に身を任せているとき、あるいは、バスに追いつこうと慌てて走りながら全身の緊張を感じているとき、時空についての理論など、抽象的で二次的なものとして背景に退いてしまうのだ。

——フランシスコ・ヴァレラ『身体化された心』(筆者訳)

いま僕の腕の中で、身近で直接的な日常の奇跡が、スヤスヤと眠っている。一年前まで微塵(みじん)も存在しなかった生命体が、三キログラムの重量で呼吸し、脈打ち、小さな手をぎゅっと握りしめて眠っている。たった一つの細胞が、どうしてこんなにも表情豊かな赤ちゃんに変わるのか。僕には不思議でたまらない。

真っ赤な顔をしてギャーと泣き叫びながら息子が生まれてきたのはちょうど七週間前のことである。巧妙に頭蓋骨を変形させながら、子宮から外へと、誰に教わるでもなく、辛抱強く、母と呼吸を合わせ、まるで何度も練習してきたかのように生まれ出てきた。顔をくしゃくしゃにしながら力強く泣き叫ぶ様を見て、僕はほっとした。その場にいた医師も「元気ですね」と頰を緩めた。

翌日、名古屋でトークライブがあった。母子ともに元気なことに安堵して、僕は意気揚々とライブに臨んだ。ところが終演後、楽屋に戻ると、病院から留守電が入っていた。「すぐに来てください。先ほどお子さんが救急病棟に運ばれ検査を受けました。

至急お父様にお伝えしなければならないことがあります」。妻からは、呼吸器をつけられ病院に搬送される息子の写真が送られてきた。僕は状況が呑み込めないまま、一（いち）目散（もくさん）に京都に向かった。

　その日は雨が強く、土曜日だったこともあって、京都駅のタクシー乗り場は大混雑だった。事情を説明して、病院に一刻も早く駆けつけたい旨、並ぶ人たちに交渉を試みたが、誰一人としてとり合ってくれる人はいない。「僕らだって急いでるんだ」ともっともなことを言われ、ある人には「私はいいけど、後ろの人をまず説得しなさい」と突き放された。振り返ると列には百人近い人が並んでいた。仕方なく、僕は病院に向かって全力で駆けた。

　病院に着くと、五名の医師が待ち構えていて、ただちに病状の説明が始まった。腸に異常があり、すぐに手術をしないと、最悪の場合、内臓が壊死（えし）してしまうということだった。僕はその場で麻酔や手術に承諾する書類にサインして、すぐに手術をしてくださいと、昨日生まれた息子を手術室へと見送った。

　生まれたばかりの赤ん坊は、「懐かしさと喜びの世界」にいると、岡潔はくり返し述べている。その言葉を何度も聞いてきた僕は、自分の子どももまた、懐かしく、嬉しい表情で母に抱かれて人生を歩み出すものだと思っていた。ところが、手術室から出てきた息子は、全身にチューブを通され、点滴の管が張り巡らされたベッドの上で、苦しそうに、力なく横たわっていた。

「生まれたばかりの赤ん坊は、母と宇宙と文字通り一体」であると、僕は『数学する身体』のなかで書いた。『まなざしの誕生　赤ちゃん学革命』のなかで認知心理学者の下條信輔さんも、「生まれたての赤ちゃんは……おかあさんとは身体的にも心理的にも一体であり、スキンシップやことば以前の密接なコミュニケーションを通じて、ひとつのシステムを形づくっているともいわれる」と記している。ところが、生まれたばかりの我が子や、NICU（新生児集中治療室）にいる他の赤ちゃんたちはみな、「母と一体」であることを許されていない。病院にいる赤ちゃんたちに囲まれながら、そもそも新生児に、一体となるべき「宇宙」などないのかもしれないと思った。

赤ちゃんにとって世界は、ただ不条理に襲いかかる空腹や苦痛、眩（まぶ）しさやオムツの不快感など、意味をなさない刺激の連続である。

「となりの赤ちゃんが泣くとき、またおかあさんが泣くとき、世界全体が『悲しくなって』赤ちゃんは泣くのだ。また自分の手の甲をつねられれば、自分の知覚する世界全体が『痛くなって』赤ちゃんは泣くのだ」と下條さんは先の著書のなかで述べている。赤ちゃんは時間空間的に定位されない知覚経験の海の中、ひたすら懸命に全身を動かす。その様子は、まるで意味を作り出そう（make sense）とする渾身のダンスのようにも見えた。

　生まれたての赤ちゃんには、心通わせ合うべき他者が存在しない。未分化の「世界」に「父」や「母」はまだいない。両親は熱心に名前を呼びかけてみるけれど、こっちを見て微笑み返してくれるようになるのは、ずいぶんあとのことである。だからこそ、授乳や呼びかけなど、母からの絶えざる働きかけの果てに、子が初めて母を「母」として見つめる瞬間は劇的だ。「自分」ではない「母」の発見に始まり、子の世界は次第に「意味」を帯びていく。

　私たちにとって切実なのは、生きる主体から切り離された無機質な観念的時空ではなく、意味とともに立ち現れる直接的な経験世界の方である。学問が直接経験の豊穣に踏み込んでいくためにいかなる方途があり得るか。生涯をかけてこの問いを追究したのがフランシスコ・ヴァレラだ。

　ヴァレラはあるワークショップのなかで、次のような発言をしている。*

私は物理的な実在を信じない。私にとって、原子やクォークですら、「私たちがこの世界に在ることができる在り方の一つ（a way in which we can be in this world)」にすぎない。その在り方の数だけ、世界はある。

現代の科学者で、原子の実在性を本気で疑う人がどれほどいるだろうか。実際に装置を使って観測ができるのだから、ほとんど疑う余地もないではないか。ところがヴァレラは、原子やクォークの実在を信じない。それは「実在（reality)」なのではなく、「私たちが世界に在ることのできる在り方の一つ」だと喝破(かっぱ)する。

確かに、原子の実在性を支えているのは、近代に生まれた科学という特殊な行為の様式と、それを取り巻く様々な技術や慣習、制度や常識の網だ。いっさい科学を知らない人物に電子顕微鏡を覗かせてみたところで、それが世界を構成する基本的な物質の単位であるとは、夢にも思わないだろう。私たちが原子を原子として観測できたと確信するのは、それを支える科学理論や技術、そしてそれを取り巻く慣習や制度にコミットしているからである。それを知らない人にとって、原子は少しも実在しない。顕微鏡を覗いたところで、見えるのは意味をなさない退屈なパターンだけである。

私たちは原子があるとしか思えないような世界を共同で構築しているのであり、ヴァレラの言い方で言えば、原子が実在すると確信できるような「在り方」を選択しているのだ。生きる主体から切り離された物理的実在よりも、意味を帯びて立ち上がる経験世界の方をこそ探究したヴァレラにとって、「世界」は生きる主体から切り離された所与ではなくて、生きる行為とともに「上演（enact）」されるものであった。

二度の手術と一カ月の入院を経て、先日息子は無事退院することができた。泣き声と警報音が鳴り響く病棟の外に初めて一歩を踏み出したとき、彼は珍しそうにあたりを見渡し、安心した様子で眠りについた。ぐっすり寝たままタクシーに乗り、自宅に到着して目を開いたとき、息子は懐かしそうに天井を見上げ、またすぐに目を閉じた。そして、嬉しそうにニッと笑った。

生後七週目になった今日、息子の「世界」は相変わらずほとんど意味をなさない混沌のようだ。ギャーと泣いておっぱいを求め、満腹になると疲れ果てて寝る。ゲップが出ないと叫び、うんちが出たとわめく。そのくり返しの中で、それでも少しずつ成長している。歌を歌うと瞳を丸く見開いて耳を澄ませ、散歩に出かけると心地よさそうに目を瞑る。いまもベッドで全身を動かし、懸命に make sense しようとしている。

まだまだ君の知らない大きな世界があるのだよ。

一緒に星を見上げ、月を仰ぎ、海に潜り、山を登り、友達を作り、読書に耽り、広い世界を散策したいねと、語りかける。

息子は珍しそうな顔をして、手足で宙を模索している。

広大な宇宙の混沌の中、make sense しようとしているのは僕も同じだ。僕も、どんな大人も、あらゆる動物や植物が、夢中に動き、懸命に働き、日々世界に意味と生命を吹き込んでいるのだ。君が動くたび、君の世界が立ち上がるように、君が動くたび、僕の世界も躍るのだ。

息子は目を閉じ、また満足そうに微笑んだ。

―――

＊このワークショップの模様は DVD "MONTE GRANDE", First Run Icarus Films (2005) に収録されている。

意味

二〇一六年七月一日

数学について、いろいろな人と語り合う機会がある。もちろん数学が好きな人もいれば苦手な人もいる。数学の魅力について目を輝かせて語ってくれる人もいれば、同じくらいエネルギッシュに「なぜ自分は数学が苦手か」を熱弁してくる人もいる。

たとえば、「分数の割り算から意味がわからなくなった」「負の数のかけ算の意味がわからない」等々、「あるところまでは楽しかったのに、あるときからわからなくなった」と、数学の（苦い）思い出を語ってくれる人もいる。そういう人たちはなぜか、「意味がわからなくなった」ことを以て「挫折」と決めつけてしまっているようである。

だが、分数に割り算を導入したり、$(-1)\times(-1)=1$と定めたりする瞬間に「意味がわからなくなる」のは、少しも恥ずべきことではない。分数の割り算や、負の数によるかけ算は、何か既知の「意味」を表現するために導入されるのではないからだ。「$\frac{2}{3}$を$\frac{3}{4}$で割る」とはどういう意味か、「-1に-1をかける」とはどういう意味か、無理に説明しようとすればできないことはないが、意味のことなど考えなくても、$\frac{2}{3}$を$\frac{3}{4}$で割ることはできるし、-1に-1をかけることはできる。ひとたび記号運用の規則を身につけたなら、意味がわからなくても行為（計算）できる。意味は、行為のあとからついてくるのだ。

分数の割り算をどのように定義すべきかや、負の数によるかけ算をどのように定めるべきかは、「意味の側からの（semanticな）」要求によってよりも、「記号が従うべきルールについての（syntacticalな）」要請によって決まる。

たとえば、なぜ$(-1)\times(-1)=1$でなければならないか。これは「分配則」を保ったまま、負の数の間にもかけ算を延長しようとした場合に、必然的に導かれる帰結だ。

一般に、自然数のたし算とかけ算の間には、

$$a(b+c)=ab+ac$$

という「法則」が成り立ち、これが「分配則」と呼ばれる。この法則を負の数まで延長しようとすると、自然に(−1)×(−1)の取るべき値も定まってしまう。

実際、負の数を含む計算に分配則を課すならば、

$$(-1)\times\{1+(-1)\}=(-1)\times1+(-1)\times(-1)$$

が成り立つはずで、このとき左辺は(−1)×0＝0、右辺の(−1)×1の部分は−1となる。

よって、

$$0=-1+(-1)\times(-1)$$

となり、$(-1)\times(-1)=1$が導かれる。

数は、当初は日常の「意味」を表現するために導入された道具だったが、ひとたび記号として自立してしまえば、今度は記号世界の秩序にしたがって、自律的に展開していく。負の数の間の演算は、日常の意味を記述するために定義されるのではなく、守られるべき記号操作のルール（この場合は分配則）にしたがい、自然に定まってしまうのである。

要するに、$(-1)\times(-1)=1$でなければならないというのは記号の側からの要求であって、そこにあらかじめ予定された「意味」などないのだ。記号が、意味の先まで人を導いてくれる。もちろん、最後まで「意味不明」のままでは数学ではない。記号が要求する行為（計算）の反復によって、次第に意味はつくりだされていく。

$$a\times(-1)=-a$$

という演算規則にしたがって数を運用するとき、「数直線」のイメージがあれば、−1をかけるたびに、かけられる数が原点の反対側に飛ばされていく感覚になるだろう。4を−4に、19を−19に、あらゆる数を数直線の原点に関して対称な場所に飛ばす「行為」として、「×(−1)」という演算が次第に「意味」を帯びてくるはずだ。そうすれば、(−1)×(−1)=1という「記号運用上の(syntacticな)」ルールも「意味として(semanticに)」自然に見えてくる。一度原点に関して反対側に飛ばした数を、再び反対方向に飛ばせば元に戻る。これが空間的に解釈された(−1)×(−1)=1という計算の「意味*」である。

行為に先立って意味があるのではない。記号運用のルールにしたがった計算の反復の果てに、意味はあとからついてくる。だから、「意味がわからなく」なってからが数学は面白い。意味不明でも辛抱強く計算していると、少しずつ意味の手応えが感じられるようになる。

数学を勉強していて意味がわからなくなった瞬間、自分が数学に「ついていけなくなった」と落ち込む必要はないのだ。自分が数学についていけなくなったのではなく、むしろ、意味が数学についていけなくなったと考えてはどうか。自分が数学に置いていかれたのではなく、自分が数学とともに意味を後ろに置いてきたのだ。

行為に先立つ意味がないというのは、日常においては常識である。

赤児は「意味不明」の世界に生まれ落ち、ただひたすら全身でもがく。暗中模索の行為をくり返しながら、様々な意味を獲得していく。

赤ん坊におしゃぶりを与えるときに、おしゃぶりの意味を説明してから手渡す親はいない。おしゃぶりは彼にとって「彼がすでに知っている意味」によっては説明できない何かだからだ。それ故、意味もわからず、とにかく握ってみたり、咥(くわ)えてみたりするしかない。やがて、しゃぶり続ける行為の果てに、彼はおしゃぶりの「意味」を体得するだろう。

椅子の意味、ドアノブの意味、お茶碗の意味……

すべてはそれと関わる行為の中から浮かび上がっていく。

それなのに、なぜ数学を学ぶときだけ、人は行為に先立つ意味を求めようとするのだろうか。分数の割り算を練習する前に、負の数のかけ算をくり返す前に、どうしてその意味を教えてくれというのだろうか。

それは、数学が「記述や説明のための言語」でしかないと誤解しているためではないか。たしかに算数もはじめのうちは、日常のありふれた現象を記述し、説明するための道具として導入される。りんごの個数を数えるための「数」や、お金の計算をするためのたし算やかけ算がそうである。だが、記述や説明のための言語というのは、数学の狭い一面にすぎない。数学は説明するだけでなく、それまでなかった新たな概念、新たな操作、新たな方法を生み出しながら、意味のフロンティアを切り拓いていく営みである。

大人になると、意味の世界は安定していく。いままで知らなかった新たな意味に遭遇することは稀になる。椅子は相変わらず椅子で、ドアノブは相変わらずドアノブである。安定した意味の世界は、平穏な代わりに退屈だ。

数学は、この退屈さを突き破る。新たな記号と記号運用の規則を導入すれば、人はそれまでに経験したことのない意味不明な(しかし既存の行為を自然に延長していると思われる)行為に耽(ふけ)ることができる。その行為の反復が、新たな意味を立ち上げる。

数学の力を借りて人は、いつまでも幼子のようであることができるのだ。

＊「原点に関して反対側に飛ばす」を「原点に関して１８０度回転」と解釈し、「では90度回転に対応する数は？」と問えば、複素数を平面上に配置する「複素数平面」も見えてくる。

——

〈参考文献〉

志賀浩二『はじめからの数学１　数について』朝倉書店（二〇〇〇）

二〇一六年十月一日

まっすぐ

すべての点からすべての点へと直線を引くこと。

紀元前三〇〇年頃にユークリッドによって編まれたとされる『原論』の、これが最初の「要請」である。この前に「直線」とは「その上の諸点に対して等しく置かれた線」であること、「線」とは「幅のない長さ」であり「点」とは「部分のないもの」であることが定義として明記されている。

ペンを片手にまっさらな紙と向き合い、起点と終点を心に決めて、ユークリッドの意味での「直線」を試しに引こうとしてみる。意図に反してペン先は振れ、目指していたはずの終点を見失う。線は「その上の諸点に対して等しく置かれ」るどころか、ふらつき、波打ち、そこかしこに幅の濃淡が生まれる。思うようには描けない。

くり返し試す。

そのたびに新たな、姿の違う、一つ限りの線が生まれる。筋肉と意志の微妙な統御、ペン先の向き、紙のテクスチャ。その場に生成する諸条件が絡み合い、直線を目指した運動の不完全な軌跡が、白紙の上に残されていく。

ユークリッドは紙を持たなかった。彼の時代に作図は木の板や砂の上に行われた。その表面の性質は、紙よりもはるかに作図に不都合なものだっただろう。理想通りの「直線」を描き出すことは、いまにも増して困難だったにちがいない。

定規を取り出し、再び作図を試みる。木板の非一様な摩擦、砂の思い通りにはならない抵抗、それを、作図に先立つ心の理想にしたがい支配（rule）するのが定規（ruler）だ。美しく表面が統制された白紙の上で、ペン先は、紙や筋肉との対話の窓を閉ざした沈黙のなか、ほとんど完璧に近いまっすぐな線を生み出していく。

すべての点からすべての点へと直線を引くこと。それは、厳密には実現不可能な「要請」である。定規を用い、なめらかな白紙の上にペンを走らせて描かれた線にも、相変わらず幅があり、目に見えない揺らぎがあり、濃淡がある。それでも、この要請をあえて引き受けてみるところから、ユークリッドの幾何学は始まる。

不可能だとしても、仮に「すべての点からすべての点へと直線を引くこと」ができると想像してみる。具体的に作図した線を前に、それを一様な直線とみなしてみる。要請をこうして踏まえてはじめて、作図行為が「直線」を立ち上げる。ユークリッドの要請、すなわち彼の幾何学の舞台設定を知らない人にとっては、ふらつき、揺らぐ線にしか見えないとしても、その世界に参加している数学者にとって、それはまったく完璧な直線であり得る。幾何学の図形は、作図する行為とともに上演（enact）されるものなのである。

僕は自宅の裏の山に登ることを日課としている。山に入ると、どこにもまっすぐな線は見当たらない。ただ研究用に保護された若い苗木を囲むように張られた立ち入り禁止の縄だけが、ピンとまっすぐ伸びている。木の幹はしなり、川は蛇行し、獣道は山の斜面に沿って予測不能な曲線を描く。持ちつ持たれつ絡まり合う自然のなかで「まっすぐ」が実現されることはない。

蛇行や屈曲は生き物と環境との対話の証だ。山の起伏や植物の配置に寄り添うように獣の歩いた形跡が残され、風と太陽の傾向に合わせるように木々が伸びる。対話に開かれた生き物たちが、互いに融通しながら生き延びていく結果、山には無数の、複雑に錯綜(さくそう)する線が折り重なっていく。

対話を拒絶する、環境に対する一方的な支配者（ruler）によって、まっすぐな線は描かれる。立ち入り禁止を訴えながらピンと張られた縄は、開かれた山のなかで、ひとり対話を拒否している場所を暗示している。

アスファルトの敷き詰められた道路。駅と駅を結ぶ線路。環境の声に耳を閉ざし、暴力的に都市のなかに描かれるまっすぐな線たちは、幾何学の世界にしか存在しないはずの直線の理想を、自然のなかに描き込む。

まっすぐは効率がいい。まっすぐは見た目が端正である。

便利で潔癖な都市には、まっすぐな線が溢れている。

学校から就職までをつなぐ道。欲望と消費を結ぶ経路。現在地から目的地までを接続するあらゆる道が、制度や自然のなかに書き込まれている。

その線が、人間の行動を支配する。


まっすぐ生きたいと願う。

脱線を恐れる。屈折が嫌われるようになる。

本当はあり得ない直線たちに囲まれていると、生きることが窮屈になる。

人間はそう簡単にまっすぐ生きられるものではないからである。


まっすぐで純粋な思いをそのまままっすぐ純粋に表現できたら、生きることはもっと楽だろう。しかし人生はまっさらな紙の上に描かれるのでも、アスファルトで周囲を踏み倒しながらつくられるのでもない。

生きることは持ちつ持たれつである。歩く行為は道をつくるが、その道がまた人間をつくる。そうして描き出される生命の軌跡は、くねくねと定めなく曲がり続ける。

“The pure and simple truth is rarely pure and never simple” と喝破したのはオスカー・ワイルド（Oscar Wilde, 1854-1900）だが、pure で simple な思いも、行為として現れたとき

には、すっかりpureでもsimpleでもなくなってしまう。ただまっすぐ純粋でありたいという願いも、鬱蒼と入り組んだ人生の繁みに絡め取られる。

僕は白紙の上にまた線を描く。
ペン先は揺れ、不格好な行為の軌跡だけが紙の上に残されていく。そんな線を描くことが、そこはかとなく面白くなってくる。直線を目指しながら直線が達成されない、そのずれのなかに自分があるような気さえしてくる。

僕はくり返し、紙の上に線を描く。

pureでsimpleなはずの願いが、定めなく揺れる線になる。

切断

二〇一六年十二月三十一日

僕は普段、京都の山の麓で生活していて、平日は家族以外の人と顔を合わせることもほとんどない。家と散歩道の小さな生活圏内で暮らしているから、本や生活用品はネットで購入することが多く、一日に一、二回やってくる宅配員の方々ともすっかり顔なじみになってしまった。

年末は宅配業者も大忙しのようで、年の瀬が迫った頃に、「ちょっと家の場所がわからない」と聞き覚えのない声で電話があって、荷物を受け取りに外まで出ると、アルバイトと思われる私服の男性が「このあたりはまったく土地勘がなくて」とオロオロしていた。僕は、何だか申し訳ない気持ちになった。彼が運んできてくれたのは、大掃除のための梯子(はしご)だ。

今年は京都に引っ越してきてはじめて本格的な大掃除をした。日々を生き抜くことに精一杯で、京都に来てから最低限の掃除や整理はしても、大々的な掃除は一度もできないままであった。気づくと、あっという間に五年近くの歳月が流れていた。今年は家族が体調を崩して寝込んでしまったので、僕はしばらく家事に没頭していた。すると、急にメラメラ掃除の意欲が湧いてきて、この際と思い切り、十日間ほど家の隅々まで掃除ばかりして過ごしたのである。

リビングはもともと画家のアトリエだった部屋で、天井が高く、梯子がないと壁の掃除ができない。赤いセーターを着た年配の男性が届けてくれたのは、そのために数日前に注文した梯子だ。彼はヤマトのトラックではなく、シルバーの、自家用車のような車で来た。ここまで人員が不足しているとわかっていたら、注文はあとまわしにしたのにと僕は後悔した。

ネットによって、世界のつながり方はすっかり変わった。ネットがなければ、僕と梯子がつながるために、どこかのホームセンターに出かけるよりほかなかっただろう。ところが僕は、アマゾンを開いて、検索窓に「梯子」と打って、口コミで評判のいいものをクリックしただけなのである。何という名前のお店から送られてきたのか、それがどこにあるお店なのか僕は知らない。赤いセーターを着た年配の男性が、どういう人で、普段なにをしているのかも僕は知らない。暗い夜道で、「わざわざありがとうございます」と、ひとことふたこと交わしただけで、もう二度と彼と会うこともないかもしれない。

それでも、うちの最寄りのホームセンターにある梯子より、僕にとって、どこから送られてきたかわからないこの梯子の方が、圧倒的に「手近」であった。実際、僕は梯子を手にするために、余分な過程を経る必要がまったくなかった。アマゾンを介して、僕と梯子は、ほとんど最短の距離で結ばれていたのだ。その代わり、ホームセンターまで歩く過程で生まれたはずの、近所の人との会話、通りすがりの古書店での気づき、その他いっさいの道草の可能性は、自覚もないまま失われていた。

何かと何かがつながることは、どこかとどこかが切り離されることで、僕と梯子が一直線につながることは、僕と古書店とのあり得たつながりを、手放してしまうことなのである。

ネットや物流の進化によって、世界は思わぬ仕方でつながり、意図せぬ仕方で切り離されていく。たとえばフェイスブックのようなサービスが、オフラインでは不可能な社会的つながりを支えると同時に、ネット以前には考えられなかった仕方で社会の分断を進めることは、すでに多くの人たちが指摘してきた通りだ。

欲望にとって距離はコストだ。だから、世界の距離は凄まじい勢いで再編されていく。巨大な資本を投じて、新しいつながりが構築されて、経済的に最適にデザインされた距離が世界に押し付けられる。便利なつながりを喜ぶ背後で、あちこちに分断が発生していく。蛸壺(たこつぼ)化したネットワークは、また新たなビジネスの機会を生む。同じ関心を持つ人たちが局所的に集中すれば、単位空間当たりの回収率の高いビジネスができるだろう。

これは何もインターネットとともに始まった現象ではない。すでに百五十年以上も前、電信と鉄道によって、世界は大規模な接続（connection）と切断（disconnection）

の時代に突入していた。空間の支配は富を生むが、空間支配の「方法」そのものが、電信と鉄道によってドラスティックに書き換えられたのである。

スタンフォード大学のリヴィエル・ネッツ（Reviel Netz, 1968-）は、その著書『有刺鉄線』（未邦訳。原題は“Barbed Wire”）のなかで、近代における空間の「接続」と「切断」の裏腹な関係の成立と変容を見事に描き出している。そこにとても印象的な事例が出てくる。

金鉱目当ての大英帝国とボーア人の間で、南アフリカの植民地化をめぐって争われた第二次ボーア戦争のことである。一八九九年十月十二日の宣戦布告以降、はじめこそはボーア人の攻撃に苦しめられた英国軍が、年明けから攻勢に転じ、一九〇〇年六月にはボーア側の二つの首都が占領された。ところが、英国側の予想に反して、戦争はここで終わらなかった。ボーア軍が、英国の鉄道、電信網を寸断するゲリラ戦を開始したからである。

ボーア人の主な移動手段は馬だった。対する英国側にとっては、鉄道が移動と物資輸送の命綱だ。馬の動きを阻止することより、鉄道の機能を麻痺させることの方が簡単である。広大な草原に散らばる馬の動きを制御することは不可能に近いが、鉄道を止めるためには、線路を局所的に爆破するだけでこと足りるからだ。英国軍は鉄道をゲリラ攻撃から守り、馬の動きをせき止める方法を早急に考案する必要があった。そこで目をつけられたのが「有刺鉄線」である。

有刺鉄線は一八七〇年代にアメリカで発明されて、主に牛を中心とする家畜の動きを制御するために利用された。広大な土地を動き回る生き物の行動を、安価で効率的に規制する道具として、有刺鉄線は大きなイノベーションだった。

家畜の行動を制御するための道具であったこれを、英国軍はボーア人と彼らの馬の動きを食い止めるために使うことにした。線路と電信のネットワークに寄りそうように有刺鉄線が張り巡らされ、その破壊を試みるボーア人を監視するために、急ごしらえで「ブロックハウス」と呼ばれる簡易な要塞が、線路に沿って等間隔に打ち立てられた。

こうして構築された「ブロックハウスシステム」には、予期せぬ効能があった。南アフリカの大草原が有刺鉄線の網の目で覆われることにより、広大な土地が、境界の制御されたいくつもの小規模な領域に分割されたのである。「接続」するための鉄道や電信が有刺鉄線で守られることで、領域を「分断」する機能を帯びるようになったのだ。南アフリカの大草原全体に散らばるボーア人を駆逐することは不可能にしても、分割された小領域ごとにボーア人を追い詰めるのは十分に可能だった。この思わぬ有刺鉄線の効果が、英国側を勝利に導いたのである。「接続は、それと直交する方向に切断を生む」——これが、ネッツがこの事例から読み解く教訓だ。

有刺鉄線が戦術として本格的に用いられるようになるのは第一次世界大戦のことである。皮肉なことに、それは鉄道と電信の発明がもたらした緊密な「つながり」による、過剰な恐怖の伝播によって引き起こされた戦争でもあった。物資と情報が高速で飛び交う方向と直交するように、塹壕（ざんごう）と有刺鉄線によって人の移動がせき止められた。かつて家畜を制御するために使われた道具は、もはや完全に人間の行動を阻止する道具として機能していた。

都合のいいリソースを囲い込み、都合の悪いゴミを吐き出すのは生命の基本的な機能だ。しかし人間は、その境界（あるいは壁、膜）をあまりに広範に、あまりに効率的に建設できるようになってしまった。有刺鉄線は、大規模で安価な壁の建設によって、富と力を産み出す近代を象徴する発明だったのである。

いまでも、戦地や、軍事施設のあるところには有刺鉄線がある。だが、現代の行為の空間は物理世界から仮想世界へと重心を移している。行動のラディカルな制御と距離の設計は、ここではアルゴリズムによって、身体に対する直接の痛みを伴わないまま大規模に、安価に、効率的に遂行される。痛みを通して学習させる家畜のメタファーではなく、力学的に制御可能な空間のなかに放り込むという、物質のメタファーで人間の行動が支配されるのだ。直接的な肉体の苦痛を伴わない分、暴力はますます見えにくい場所に隠されることになる。

＊＊＊

大掃除で家は綺麗になったが、捨てられた大量の塵やゴミは、僕の知らないどこか遠くの場所をいまも汚染している。無秩序はなくなったのではなく、単に移動しただけである。

つながりもまた、増えたり減ったりするのではない。ただつながり方が変わるだけだ。インターネットや電信の登場するはるか前から、人間と生物と物質たちは、深く緊密につながっていた。そのつながりによって産み出される富を、僕らはずっと分かち合ってきたのだ。

「生きる」という創造の現場で、人間を他の生物から、あるいは生物を他の物質たちから切り離すことはナンセンスである。「僕」は生きていて、「石」は生きていないなどという権利がどこにあるのか。僕らは、ただ総体として「生きている」。人間を物質のように扱うのではなく、本当は、物質を人間のように扱う思想を育まないといけないのではないか。

「とき」が制度的に切断される大晦日のいま、僕の心はしばし、物質との思わぬ「結び」の可能性を夢見ている。

二〇一七年五月一日

reason

昨夜、バスケをしている夢を見た。

最後に試合に出たのは、もう八年以上も前のことである。

学生時代に入っていたクラブチームの大会で、その日は調子がいつになくよく、面白いようにシュートが入った。勝てば次は決勝戦という大事な試合、勝利が確実なところまで点差は開いていた。ところが終了間際、レイアップのあと相手の選手の足の上に着地し、左足靭帯の両側を傷めた。全治半年。数学の勉強が忙しくなりはじめた頃で、病院に真面目に通わなかったせいか、いまだに冷えると足首が疼（うず）く。

小さい頃、ブルズ全盛期のシカゴで、マイケル・ジョーダンに憧れて育った。物心ついた頃からバスケ一色で、中高も、バスケが強い学校を選んだ。中高時代は、毎朝欠かさず走り込みとシュート練習、昼休みの自主練、チーム練習後も体育館が閉まるまで練習。三百六十五日、授業時間以外バスケ漬けの六年間を過ごした。

大学に入ってからはバスケを辞めるつもりだった。バスケ選手として生きることは諦めていたので、もっと広い世界に漕ぎ出していこうと思っていた。遊びでバスケをするつもりはなく、サークルに入ろうとも思わなかった。ところが、大学四年生のとき、高校時代に東京の「支部選抜」で一緒だったメンバーから声がかかって、クラブチームに参加することになった。遊びではなく真剣に練習をする、すごく雰囲気のいいチームだ。全身はバスケをしたくてウズウズしていた。最初、悲しいくらいからだは動かなかったが、一年もすると感覚を取り戻してきた。その矢先の怪我である。

最近、なぜかバスケの夢をよく見る。ただ、からだは鉛のように重く、飛んできたパスをキャッチできない。あるいは、走ろうとしても進まない。かなしいかな、ジャンプしているつもりが跳べない。しまいには、シューズを履いていないことに気づいて、青ざめるのだ。監督の怒鳴り声が飛んでくる。嫌な汗をかきながら目覚める。

先日、久しぶりに母校を訪ねて、十年ぶりに監督に会った。手術の後と聞いていたので心配だったが、元気そうな姿でほっとした。少し痩せたからだの監督の目を、僕はいまなら直視することができた。中高時代、だれよりも長く時間をともにした先生である。不思議なことに、このとき以来、バスケの悪夢を見なくなった。


過去は、現在に翳（かげ）を落とす。

その陰影は、時の流れともに、繊細に表情を変えていく。


学生の頃は、過去より、眼前に広がる未来だけに夢中だった。未来が見えない。だからこそ、より不確かな方へ飛び込みたいと思った。

大学に入ってすぐ、ベンチャーの設立に参画し、プログラマーとして働きはじめたときも、未来が見えない選択だった。コンピュータの前に座っているだけで、めまいがしてくる当時の僕にとって、プログラマーとして働くというのは、およそ考えてみたこともないことだった。

数学科に転向するときも心境は似ていた。受験数学に面白みを感じられず、何年間も数学に取り組んでいなかった自分が、数学科に進むというのは、ほとんど想像もできない選択だった。それでも、岡潔のエッセイに惹かれ、数学の豊かな世界があることを知ったとき、「いまからだって遅くない」と、僕の胸は高鳴った。未知の世界に飛び込んでいくこと。未来がますます見えなくなること。そのことにただドキドキしていたのである。

「いま」に浸透してくる過去の力が、少しずつ存在感を増してくるのは、それからだいぶ後のことだ。忘れていたはずのこと、置いてきたはずの過去。それが目の前の風景にしみわたって、僕を悩ませたり、縛りつけたり、励ましたりするようになった。過去の力に、のみ込まれそうになることもある。未来に飛び込む決断よりも、過去と折り合いをつける勇気の方が、切実な課題として浮上してきた。

現在のなかには、過去と未来が映り込む。それは、一人の意識のなかだけのことではない。言葉によって紡がれる物語、貨幣や学問などの制度、様々な行為の習慣は、現在を過去や未来につなぐ装置だ。人は厚みのある時間を生きている。その厚みのなかに、心の葛藤や動き、彩りが生じる。

現在と過去をつなぐ「理由」。「いま」から未来を導く「推論」。「理由」も「推論」も英語ではreasonという。「いま」だけにはいられない人の心は、reasonの力で過去や未来を想い、そして「理性（reason）」の力で他者の心を推し量る。

reasonという言葉の起源は、ラテン語のratioだそうだ。ratioという言葉には「比」という意味がある。単位と比較したときの相対的な大きさを測ること。それが「比」という考え方の基本だ。「未知」を「既知」に対する比として把握しようとするのがratioなのである。

人は端的な「いま」をただそれとして受け取る代わりに、「私」や「現在」という起点に対して、相対的に未知の宇宙をはかろうとする。長さを測ることも、未来を計ることも、過去の理由や他者の気持ちを推し量ることも、すべてはありのままの世界に「単位」を押し当てるところからはじまる。問題は、この世に絶対的な既知など、一つもないことである。比を測るための単位は、かりそめの、さしあたりのものにすぎない。

数学であれば、数えるための「1」や、証明をするための「公理」が、推論や計算の起点であるし、人生においては、「私」や「現在」が、世界を時間や空間の広がりのなかで把捉(はそく)するための始点だ。

人間の前に現れる世界には、過去と未来が織りなす奥行きがある。それは所詮、「私」や「現在」という起点に対して、相対的にはかられた奥行きにすぎない。しかしその仮想の深みに、宇宙は何かを表現している。

reason とはきっと、ただ正しく記号を操作するだけのことではないのだ。それは、宇宙の静謐(せいひつ)に「単位」を投じ、時間と空間を超えて響き合う「いま」を現出させる、魔法のような手続きなのだ。

ありのままの宇宙に、生きるべき「理由」はどこを探してもない。

reason は、創造されなければならないのである。

情緒

二〇一七年七月一日

明日から二週間ヨーロッパに出かける。ちょうどこの原稿が掲載される頃に、パリに到着している予定だ。今回はパリのあとロンドン、ブライトン、ウィーンの各都市をまわりながら、いくつかの講演と取材、打ち合わせなどがある。

今年から、なるべく積極的に機会をつくって、海外での活動を増やしていこうと考えている。最大の目的は仲間探しだ。自分の考えていることを、世界中で発信し、志を分かち合える仲間を見つけたい。単純に、日本語から離れる時間をつくりたいという思いもある。

僕は小さい頃アメリカで育ったので、もともと嫌でも日本語からは切り離されていた。小学四年生のときに帰国したが、いまでも日本語が母語として、自分に深く根付いていていないと感じる。だからこそ、どんどん海外に出ていこうという気持ちより、あえて日本にとどまって、日本語を血肉化したいという思いがあった。しかしそろそろ、日本語だけでなく、他の言語でも思考し、対話し、読み、書く時間を増やしたいという気持ちが高まってきている。

言葉はもちろんコミュニケーションの道具だけれど、それ以前に自己を編む糸である。言葉を発することは、何かを伝えるだけでなく、世界を生み出すことだ。どんな言葉を使って、どんな自己を編み、どんな世界の風景を生み出していくか。ここに大きな可能性の海が広がっている。

人は誰もが局所的な存在である。いのちあるものはすべて、自分の咲いている小さな場所で、めいっぱい咲く。そうした表現が少しずつ貼り合わさって、豊かな世界が全体として立ち上がっていく。だから、日本語を母語とする自分が、徹底的に日本語で思考していくことにも意味がある。そこからしか見えない風景、そのようにしてしかぶつからない問題がある。

だが、最近さすがに、あまりにどっぷり日本語と日本に染まりすぎていると感じる。今回も旅行の荷造りをしていて、三年前に使ったユーロ硬貨を整理していた。そのあと、自販機で百円玉を入れようとしたら、一瞬「これが百円か?」と違和感を覚えた。ユーロやポンドの貨幣に触れたあとに日本の硬貨に触れると、当たり前になっていた百円の百円らしさが、にわかに物質としての百円玉の生々しさに変わったのだ。ああ、自分はこういうことにも気づかなくなるくらい、日本の制度に浸かってしまっているのだなと思った。

小さい頃は、日本語よりも英語が得意だった。十歳までは、小説を読むのも、夢を見るのも、妹と会話をするのも英語だった。だからこそ、日本語を学ぶことが面白いと感じた。中高時代の古文や漢文などは楽しくて仕方なかった。古典の音読には夢中になった。それこそ「これが百円なのか?」という違和感にも似た、素朴な驚きや発見の連続だった。

何かを「知る」ことは、知ろうとしている自分が、いかに「在る」かということと不可分である。「知ること(knowing)」と「在ること(being)」を切り離すことはできないのである。

言葉を変えることは、beingを変える一つの強力な方法である。いつもと違う言葉を用いるだけで、性格や発想、目の前に広がる風景の見え方までもが変わっていく。あえて日本語から離れる時間をつくることで、かえって日本語が見えてくるということもある。

いま岡潔のエッセイ『春宵十話』の英訳をしている。一九六三年に毎日新聞社から出版されて以来、半世紀以上、誰も翻訳には手を付けてこなかったのだが、自分で試みてみると、その理由がわかる気がする。

まず、岡潔の思想の中心にある「情緒」という言葉をどう訳せばいいかという問題にぶつかる。

手元にある『新和英大辞典』(第5版)を開いてみると、「情緒」の訳として「emotion; feeling;〔雰囲気〕atmosphere; spirit.」とある。そして例文には、

情緒豊かな人間性の形成
the formation of a richly emotional humanity

日本情緒豊かな温泉町

a spa town richly imbued with Japanese atmosphere

などとある。

確かに、文脈によってはemotionやatmosphereはそれなりに納得できる訳である。しかし、「情緒」というときには、単にemotionのことでもなければatmosphereのことでもなく、個人の感情や情動（emotion）と周囲の環境の雰囲気（atmosphere）とが、相互に浸透し合っているというニュアンスがある。knowing（何を感じ、わかるか）とbeing（環境の中にどのように在るか）が切り離せないという前提がこの言葉の背景にある。そのニュアンスを、英語でどう表現したらよいだろうか。

さらに問題なのは、岡潔が「情緒」という言葉を日常的な意味では使っていないことである。彼は「こころ」と題したエッセイのなかで「(私は)『情緒』という言葉を作った」と書いている。彼自身が「作った」言葉としての「情緒」のニュアンスを、一言で説明するのは日本語でさえ難しい。

現状で僕は、あえて「情緒」は訳さずにそのまま残して、その代わりに自分なりの「情緒」の理解を長めの脚注として付した。

The usual connotation of the Japanese term “jōcho” is that of emotion or feeling triggered by the atmosphere, or the atmosphere itself. However, Oka states in his essay “Kokoro” that “I made up the term jōcho in order to study the human mind” and since this is the key term to understand Oka’s philosophy, I will leave this term untranslated throughout. The problem is that Oka never clearly defined what he means by this word, and he even states clearly in an essay titled “Inochi” that “jōcho is a word that has no definition in the first place.” Instead of trying to define the term, he shows how this concept works in several different contexts. In a way, all of his writings, were an attempt to clarify the meaning and depth of the concept jōcho.

The term jōcho written in Japanese, consists of two ideographs “ 情[jō]” and “ 緒 [itoguchi].” The former carries various meanings such as feeling, sentiment, attachment, passion, love or emotion which in any case connotes the motion or flow of the mind which penetrates between individuals or in between a person and the environment. The latter ideograph “緒” implies a beginning, a trigger or a clue. In Oka’s thinking, based on Buddhist philosophy, the mind is latently omnipresent in the universe, and jō, which is an aspect of this omnipresent mind, moves or flows in between a person and his / her surrounding. Each existence of a being (not necessarily human) acts as a trigger[=緒] to actualize the latent mind into a personal mind, and realizes the flow of jō in the form of a personal feeling or sensation. Jōcho, in Oka’s original sense, so far as I understand it, refers to this cognitive capacity (which he thinks can be cultivated through education) to localize and actualize the global flow of jō into a particular feeling or sensation. But it is in his later writings in which he begins to clarify these ideas, and in his earlier essays, including this one, the connotation of the term jōcho is still quite vague.

通常の意味での「情緒」には、環境の様々な要因によって引き起こされる情動や感覚、感情、あるいはそうした感覚を引き起こす環境の雰囲気そのものを指す意味合いがある。しかし岡潔は「『情緒』という言葉を作った」と言っているし、別のエッセイのなかでは「情緒というのはもともと定義のないことば」だとも書いている。情緒という概念を最初に規定した上で論を構築していくのではなく、情緒という言葉を様々な文脈で使用しながら、その使用を通して概念の内容を明らかにしていくような方法を取るのだ。

情緒は「情」の「緒（いとぐち）」と書く。「情」は文脈に応じて様々な意味を持つが、英語に訳すとしたら、feeling, sentiment, attachment, passion, love, emotion などとなるだろう。いずれにせよ、人や環境の間を行き交う心の動きを表した概念である。岡潔は生きとし生けるものすべてに心があると考えていた。しかもここで「生きている」と言うとき、生物としての自律性を持っているものだけではなく、水や石などの物質もまた含まれていた。したがって、彼は万物に心があると考えていたのだ。「情」は、誰か特定の個人が所有している心ではなく、万物の間を行き交う心だ。それを、個々の存在が、その局所的な身体（body）を「緒」として、それぞれの feeling や sentiment, emotion へと具体化していく。「私の心」は、心なき物質の集合的な振る舞いとして生じるのではなく、心に充ちた宇宙の局所化として生じる。「情緒」とは、大きな

「情」を小さな「私の心」として局所化し、具体的に表現するはたらきである。現時点では、僕はそのように理解している。

面白いのは、最初から日本語で書き、日本語で思考していたら、右のような「情緒」の解説は思いつきようもなかったことである。情緒という言葉はあまりに深く日本語に浸透していて、岡潔のエッセイを読んでいても、ほとんどひっかかりなく読めてしまう。ひっかからないということはわかっているということでは必ずしもなく、ただ単に考えていない、ということもある。

英語と日本語の間を行き来してみて、はじめて見えてくることがある。僕はこういう往来をもっとしたいのだ。

身軽に動くことと根を下ろすこと。その両立ができたら理想的である。

さて、いよいよ出発のときが近づいてきた。行って、戻ってきたあとに、「はじめから自分がいた場所」が、どんな風に変わっているかが、いまからとても楽しみである。

変身

二〇一七年十月一日

私たちが直面する重大な問題は、その問題が生み出されたときと同じ水準の思考によっては解決できない——これは、アインシュタインが残したとされる言葉だ。現代社会はどの方角を向いても「重大な問題」が山積している。だが、果たして問題が生み出されたとき以上の水準の思考が自分にできているかといえば心許ない。

いま世界のスマホユーザは二十億人を超えるそうだ。アラン・チューリング（Alan Turing, 1912-1954）が知恵を絞って理論を構築し、世界中の科学者たちが鎬(しのぎ)を削(けず)り、膨大な予算を投下して、やっと第二次世界大戦後に動き始めた「万能計算機械」を、世界中のあらゆる国の老若男女が片手で持ち運ぶ時代が来るとは、チューリング本人も夢にも思わなかったにちがいない。こうした技術の高速な普及は、政治制度や貨幣制度のあり方をも根本から揺さぶっている。ここから一体どんな新たな「問題」が生まれてくるのか、それを予測することすら難しい。

コンピュータを発明し、開発することは並大抵のことではなかった。世界中の知恵と労力を結集し、膨大な資金と時間をかけてようやく実現したのだ。それに比べて、コンピュータを使うことはあまりにも簡単になってしまった。生まれてきたばかりの赤ちゃんですら、自分でスマホを手に取り、動画を再生して喜んでいる時代だ。

コンピュータが専門家の占有物ではなく、子どもを含めて、誰もが使える未来がくるのだと、いち早く見通していたのは計算機科学者で教育者でジャズ演奏家でもあるアラン・ケイ（Alan Kay, 1940-）だ。先日、そんな彼の読み応えのあるインタビュー*が公開されたが、そのなかで彼は、スマホがこれほどまで普及した現状を評して「コンピュータは洗練されたテレビになった」と嘆いていた。

コンピュータは、新しい時代の鉛筆や紙や本のようにならなければならないというのがアラン・ケイの主張だ。コンピュータはメディアなのであり、しかも単なるメディアではなく「メタメディア」、すなわち、あらゆるメディアを作ることを可能にするメディアだというのだ。この特異なメディアを使いこなすための能力を、読み書きの能力を身につけるのと同じくらい真剣に身につけていこうではないかと、彼は何十年も前から提案している。読み書きを常識とすることによって人間社会が生まれ変わったのと同じように、コンピュータリテラシー（これは単に「プログラミングができる」という表層的な意味ではないことはアラン・ケイがくり返し強調している）を常識とすることで、これまでとは違う人間に生まれ変わることができるのだと。

『パイドロス』のなかでプラトンの描くソクラテスが、文字や書物を批判している場面がある。ソクラテスはエジプトの神タモスの言葉を借りて次のように語る。すなわち、文字を学ぶと、忘れっぽくなる。文字が与える知恵は真実の知恵ではなく、見せかけの知恵である。書物ばかり読んでいると、知者となる代わりに、知者であるというぬぼればかりが育つ、と。書かれた言葉は真実の言葉、すなわち「生命をもち、魂をもった言葉」の影にすぎないというのだ。

当時、文字や書物は最先端の技術だった。新興のテクノロジーに警戒せよと、ソクラテスは忠告しているのだ。そんな彼の言葉を、プラトンが文字で記述しているのは滑稽に見える。まるでスマホ批判をスマホで投稿している人みたいだ。

しかし、プラトンはこのあとちゃっかりソクラテスに語らせている。書物が見せかけの知恵しかもたらさないならば、それでもなぜ、あえて文字を書こうとする賢人がいるのかと。これについてソクラテスは「慰みのためだ」と答える。文字を書くことは、酒盛りやそれに類した遊びの代わりの「慰み」だと言うのだ。

いまや読み書きは、慰みどころか、なくては生きていけない能力になった。文字は、話すことができるのと同じ内容をただ記録するためのメディアではないのだ。文字は、文字によってしか不可能な思考の世界を立ち上げる。文字によって、人はそれまでと違った人間になる。現代の社会は、読み書きの能力によって生まれ変わった人間を前提として設計されている。社会そのものが、文字によって変わってしまったのである。

読み書きを身につけることは大変だ。いまだに子どもたちは読み書きを覚えるために、何年も学校に通わなければならない。労働をする代わりに何時間もかけて自己変容のための訓練をする。その訓練の果てでなければ社会に参加できない。人類は膨大な時間とコストを捧げて「読み書きする身体」を生きることを選択したのだ。

コンピュータリテラシーを身につけることは、読み書き能力を身につけるのと同じように人間を根本的に変容させる可能性がある。コンピュータを単に道具として使うのではなく、コンピュータによって、人間が生まれ変わる未来をこそアラン・ケイは夢見ているのだ。だからこそ、世界中で二十億人もの人たちがスマホを片手に、SNSの投稿に一喜一憂し、垂れ流される広告にさらされながら、ただ便利なサービスを受容している現状を見て、彼は「コンピュータが洗練されたテレビになった」と嘆いたのだ。コンピュータはあまりにユーザに寄り添いすぎてしまった。便利になること自体はありがたいが、結果として私たちは、自ら生まれ変わろうとする主体的な意欲を失っているのではないか。

先人の涙ぐましい努力が生み出した技術をただ便利に消費しているばかりでは、一向に「それが生み出されたとき」の水準以上の思考ができるようにはならないだろう。便利な技術や快適なサービスを消費するばかりではなく、それが生み出されたときよりも高い水準で思考する人間を私たちは真剣に育てていかないといけないし、自らもそういう人間に変わっていかないといけない。

「現代の学校とは、どのようなものでしょうか？　三〇人の人間が他の人間が話すのをきく部屋――まるで中世そのままじゃないですか！」とアラン・ケイは皮肉を込めて言う。片手に収まるこの美しく洗練されたコンピュータを生み出したのと同じくらいの情熱と意志と知恵を、僕らがこの技術に見合う存在に生まれ変わるために注ぐことができれば、世界はきっといまよりずっと、生きがいのある場所に変わっていくだろう。

＊ https://www.fastcompany.com/40435064/what-alan-kay-thinks-about-the-iphone-and-technology-now

〈参考文献〉――

アラン・ケイ『アラン・ケイ』鶴岡雄二訳、アスキー（一九九二）

プラトン『パイドロス』藤沢令夫訳、岩波文庫（一九六七）

二〇一八年二月一日

いまいる場所で

昨日、息子と一緒に公園に出かけた。

「こうえーん!?」と懇願する息子に応えて「よし、行こう！」と言えることが、どれだけありがたいことか、いま、しみじみと実感している。

昨年の大晦日から今年にかけて、息子が東京の病院に入院した。最初の四日間は絶飲・絶食が続いたため、「おちゃ?」「えびじゅ（おみず）?」と心細い声で泣く彼を、ただひたすらなだめようとすることしかできなかった。

入院する前、息子に、「取って」という言葉を教えた。欲しいものがあるときに、地団駄踏んでねだるのではなく、きちんと欲しいものを指しながら「取って」と言えば伝わるのだと教えた。入院中、彼は初めてそれをできるようになった。点滴を固定する左手のシーネを指して、ほとんど完璧な発音で、彼は僕の目を見ながら「とって」と言った。僕は、すぐにでも彼の言葉に応えたかったが、その場で点滴を外してしまうわけにはいかなかった。

生後すぐに二度の手術をしていることもあって、入院中は、様々な可能性を想定する必要があった。帰省中だったこともあり、通い慣れたいつもの京都の病院ではない。術後の経過を詳しく知る人はどこにもいない。次々と替わる当直の医師たちと丁寧にコミュニケーションを重ねるほかに、僕にできることは、ただ全身全霊で祈るだけである。幸いなことに、思いは通じた。入院当初に想定できたベストに近いシナリオで、息子は順調に快復していった。

水を飲めるようになると息子は「くっきー」「ぶうぃ（ぶり）」「ごかん（ごはん）」と泣き叫んだ。やがて少しずつ食べられるようになると「こうえーん!?」と外を指差して泣いた。退院が決まるその日まで、いつ退院できるかわからない。だから、いつ公園に行けるかは約束できない。だが、いつか一緒に公園に出かける日を、僕も心から楽しみにしていた。「こうえーん!?」という言葉に「よし、行こう!」と応えられるいまを、だから奇跡のようにありがたく感じるのである。

道は邇(ちか)きに在り、而(しか)るに諸(これ)を遠きに求む。
事は易(やす)きに在り、而(しか)るに之(これ)を難(かた)きに求む。

これは、『孟子』のなかの一節である。本当に大切なものは、すぐ近くにある。それを遠ざけ、ことさらに難しくしているのは、僕たち自身の意識なのだ。「こうえーん!?」と言われて公園に行ける。「とって」と言われて取ってあげることができる。ご飯を食べることができ、水を飲むことができる。そんなあたりまえで簡単なことが、どれほどありがたいことかを、いま強く実感している。

入院中、息子の楽しみは、「きかんしゃトーマス」のDVDを鑑賞することだった。
原作は、イギリスのウィルバート・オードリー(Wilbert Awdry, 1911-1997)牧師による絵本だ。オードリーの息子が二歳ではしかにかかったときに、息子を励ますために彼がつくった作品だという。そのためか、トーマスには、食事の場面が出てこない。子どもらしい遊びの場面もない。なにしろ登場するのが人間ではなく機関車なので、そもそも動かすべき手足すらない。

絶食中においしそうなケーキや果物を見るのはつらい。多くのアニメは、健康で食欲がある子どもを想定していて、食事のシーンも遠慮なく出てくる。手足だって存分に動かす。病気の子どもに、特別の配慮はない。その点、機関車トーマスは、食べたり飲んだり、からだを動かすような場面がない。息子が入院してはじめて気づいた、ささやかな発見である。

価値あるものは、すべての人にとって近く、容易い場所にあるのだと孟子は説いた。本当に大切なものがあるとすれば、それは存在するものすべてに、等しく与えられているはずなのだ。食べることも、からだを動かすこともできない子どもが楽しめる物語をつくったオードリー牧師もまた、きっとそう信じていたにちがいない。

昨年、僕が興奮したニュースの一つは、重力波による中性子星合体イベントの観測だった。世界中の知を結集し、目に見えない時空のさざなみを捉え、そこから金やプラチナなどの重元素の成立の起源に迫る発見が得られた。人類の宇宙観が、これからめざましく変容していくと思うと胸が高鳴る。

だが、手放しには熱狂できない。重力波の観測を実現するために、莫大な資金と才能が投じられている。こうした「ビッグ・サイエンス」の現場に参加できるのは、健康と才能と努力だけでなく、社会的地位や運にも恵まれた人たちである。そうした一部のエリートだけが、知の「最先端」を担っているという発想に、無自覚に加担しないように注意したい。

『生命・人間・経済学』と題された宇沢弘文（1928-2014）と渡辺格（いたる）（1916-2007）の対談のなかで、宇沢が、経済学における新古典派的な考え方を延長していくと、「どういう行動がいいか」という倫理的な基準が否定され、「儲かることはいいことだ」というスローガンだけが残る、ということを指摘している。これに対し、「新しい研究を生むような研究がよい」とされる自然科学の風潮も、「現在の社会状況でできる研究を多産的につくるような研究」ばかりが伸びていくという点で、これと本質的に似た現象ではないかと渡辺が応答している。

問題は、「儲かることはいいことだ」という結論ではない。その結論を生み出す前提にあるフレームワークの存在に無自覚になることだ。完全競争的な市場経済制度のもとで、市場価格で測った国民総生産額は最大化される。これが「証明」できれば、「儲かることはいいことだ」というスローガンもまた正当化されるのか。いや、そもそも、こうした理論を成立させる「フレームワークのつくり方」自体が、市場経済制度を正当化するようにつくられているのだと宇沢は指摘する。

これに対し、自然科学研究もまた、ある大きな社会的フレームワークに閉じ込められているのではないかと渡辺は言う。自然科学もまた、価値の問題と無関係ではなく、「新しい研究を生む研究がよい」という「価値」を正当化するようなフレームワークに、ほとんど無自覚のまま与(くみ)している可能性がある、と。

自然科学のめざましい成果に胸を躍らせるとともに、どこかで僕が警戒心を覚えているのも、科学の「最先端」に熱狂する背景に、何か非常に偏った「価値」の判断が、潜在しているように思えるからである。

重力波の観測は、間違いなく偉大な科学的成果だ。それ自体は素晴らしいことである。だが、そうした「最先端」にだけ、価値ある学問があるわけではない。マルクス・ガブリエル（Markus Gabriel, 1980-）が著書『なぜ世界は存在しないのか』でくり返し口をすっぱくして語っているように、そもそも「宇宙」は「世界」ではない。「宇宙」とは、あくまで物理学の研究領域のことにすぎない。そこには、公園もなければ、親子の関係もない。だから、「宇宙」について研究することは、「すべて」について考えることではない。宇宙は、世界全体（そんなものが存在しないということがガブリエルの主張であるが）よりもはるかに小さい。だが、ビッグ・サイエンスに熱狂する背景には、「宇宙」と「世界」を混同するのに似た誤解がどこかに紛れ込んでいるのではないか。重力波についての研究が、たとえば仏教史や芭蕉の文学にまつわる研究より「先端」だと考えるべき理由はないのだ。科学の成果は喜ばしいが、間違った方向に過大評価しないように気をつけなければならない。

肝心なことは、知の本質に最も肉迫した特権的な場所など、どこにも存在しないということである。「最先端」だけが価値ある場所ではない。「研究するとは、情熱をもって物事を問うこと以上のものでも以下のものでもない」と言ったのは数学者のアレクサンドル・グロタンディーク（Alexander Grothendieck, 1928-2014）だ。すべての人が、いまある場所で、「情熱をもって物事を問う」ことこそが、学問の生命である。

何気なく息子と公園に出かけられることを、いまは奇跡のようにありがたいと感じる。だが、振り返ってみれば、家族で過ごした病院での日々もまた、かけがえのない、大切な時間であった。いつか水を飲みたい、公園に行きたいとみんなで願いながら過ごした、すべての時間に真実があった。

遠く、難しい場所にだけ価値があるのではない。すべての人が、いまいる場所で、大切なものをすでに与えられている。

もちろん、そのことに気づくことは簡単ではない。

僕は、「最先端」を切り拓く偉大な英雄にはなれないし、なるつもりもない。

その代わり、できることなら、だれもがいまいるその場所で、すでに英雄なのだと気づくことができるような、そういう世界をつくっていきたい。

二〇一八年四月一日

胡蝶

哲学の道で真っ先に咲く一本桜が、つい先日、例年よりも一足早く、まるで蕾(つぼみ)から溢れるような、鮮やかなピンクの花を空いっぱいに開いた。樹齢百年を超えた老樹が、こんなにも若々しい生命を内に秘めているとは、毎年のことながら、驚くばかりだ。「みんなのミシマガジン」で「数学の贈り物」の連載をはじめてから、早くも五年目の春が来た。季節が移り変わっていくのに合わせて「贈り物」の原稿と向き合うことは、いまやすっかり生活のリズムになってきている。日々考えていること、感じていることを、花開くように、あるいは熟(う)れた実が落ちるように、自然と言葉にすることができたらいいが、現実は、パソコンと向き合い、頭を抱え、締め切りに追われながら、必死になって執筆している。おかげで、季節ごとに自分と対峙し、思考の軌跡を記録しておく、貴重な機会をいただいている。

数学は、贈り物である。これが、僕の実感である。

名もなき古代の数学愛好家たち。アラビア世界の天文学者や近世ヨーロッパの数学教師たち。インドの計算家や中国の算博士、そして、いまも世界中で数学を楽しむ老若男女。数学史のテキストに取り上げられる人たちばかりではなく、数学を学び、語り、教え、探究してきたすべての人たちが、数学という贈り物を、守り、育み、たゆまず継承してきたのだ。

その数学に、僕は何度も救われてきた。人生の葛藤や重荷に押しつぶされそうなとき、数学する時間は、なぜか心静かになることができた。数学は役に立つ。ときに強力な武器になることもある。だが、数学の大きな理想を孕(はら)んだ思考に、心が救われることもある。この大切な贈り物を、だから僕は、また未来へとしっかり受け渡していきたい。

最近、友人の息子（Tくん）と一緒に、週に一度、「数学の問題を解く会」を始めた。小学三年生の彼は、素晴らしい数理的感性の持ち主で、しばしばこちらの予想を超える思わぬアイディアで問題を鮮やかに解く。参加者は彼と、彼の父と三人だけだが、大人の方も負けじと、つい真剣になる。

テキストは『やわらかな思考を育てる数学問題集』（岩波現代文庫）という、ロシアでつくられた問題集の日本語訳を使用している。算数教育に詳しい友人の薦めで手に取った本だが、知識を形式的に当てはめるだけの退屈な問題ではなく、柔軟な思考が要求される良問が集められていて、もともとは「中学生とその先生のためのガイド」だそうだが、大人でも、問題によっては小学生でも、十分楽しめる内容である。

もともとこの問題集は、旧ソ連の「数学サークル」の活動から生まれた。それは、生徒、先生、数学者たちが、新しい数学教育のあり方を模索するために結成した「サークル」だったそうだ。「数学の勉強が競争心にあおられることなくできるような環境をつくる」という理想が、背景にあったのだという。

僕がTくんと「数学の問題を解く会」を始めたのも、同じような思いからであった。数学という贈り物を受け取った者として、自分なりの「返礼」をしていきたいというと大げさだけれど、子どもたちと楽しく、のびのびと数学ができるような場をつくってみたいというのは、昔から思っていたことだった。漠然としたそういう思いを、具体的な行動に移していこうと決めたのは、今年に入ってからのことである。年末から年始にかけて、家族で病院で過ごしたことが、大きなきっかけになった。

入院中の子どもにとって、「退院したら○○しよう」「元気になったら△△したいね」という「いまここにない未来」に希望を託す言葉は無力だ。むしろ、水が飲めなくても好きなアニメを観れることが嬉しかったり、大切なおもちゃが手元にあることでほっとしたり、「いまいるこの場所」には、いつも小さな贈り物が隠されているのだということに、病院にいて、あらためて気づかされた。理想的な状況や環境が整ってからでなくてもいい。いつでも、いまいるこの場所で、できることがあるのだと、僕の心境は少しずつ変わっていった。

息子が退院し、久しぶりに家族で京都に戻ったあとに、いまいるこの場所で、僕には何ができるだろうかと考えた。子どもたちと一緒に楽しく、のびのびと数学ができるような場をつくりたい、という昔からの思いが、このときふと頭に浮かんだのである。

そういう場をつくろうとするなら、広いスペースや教材、人手だって必要である。そんな余裕はいまの僕にはとてもない。だが、どれほど現在の状況や環境が不完全だとしても、いまいるこの場所で、できることもあるのではないか。そんなタイミングで、Tくんとの勉強会は始まった。

以前、僕が敬愛するスマートニュースCEOの鈴木健さんが「教育義務」というアイディアを提唱していたことがある。大人になったら誰もが週にせめて数時間くらい、教育する義務を自分に課してはどうだろうかという提案だった。「子どもとは、私たちが未来に贈ることのできるメッセージである」というマーシャル・マクルーハンの言葉に対して「子どもとは、未来そのものである」と応答したのはアラン・ケイだ。子どもという未来を育んでいく活動に、僕たちはもっとカジュアルに参加してもいいのではないか。正月以来の思考の流れと、「教育義務」という言葉が自分の中で一つになって、気づけば「数学の問題を解く会」が始まっていた。

先月のこと、公園で遊ぶTくんを、彼の父と一緒に迎えに行った。彼は、そのとき友人たちとドッジボールをしていた。その日も数学をする予定になっていたので、

「家に行くぞ！」と呼びかける父に、「もっと遊びたい」とTくんはせがんだ。子どもたちが生き生きと遊ぶ様子を見ていると、僕も、彼の父も、つい一緒に遊びたくなった。そのまま、大人二人vs小学生六人で、ドッジボールの試合が始まった。

公園にドッジボール専用のコートはない。内野と外野の境界も、大雑把に子どもたちの間で共有されているだけである。初参加の僕には、どこまでがコートなのか、どんなルールなのかもはっきりしない。見よう見まねで、ただ必死になってボールを投げる。

十五分ほどの熱戦の後、試合は終わった。大人チームの完敗である。すかさず、「次はドロケイしよう！」と、彼らは大盛り上がりだ。ブランコの辺りが警察の陣地と決まり、僕は警察に任命された。さっきまでドッジボールのコートだった公園が、にわかに泥棒と警察の攻防の舞台に変わる。

『原っぱと遊園地』という本がある。著者の青木淳はこの本のなかで、「あらかじめそこで行われることがわかっている」建築全般を「遊園地」に喩（たと）える。逆に、「そこで行われることでその中身がつくられていく建築」のことを、彼は「原っぱ」と呼ぶ。

放課後の小学生たちにとって、公園は原っぱである。警察に捕まった泥棒はブランコに収監され、滑り台は泥棒たちの避難場所になる。ドッジボールでは、トイレの壁を使って奇襲をしかけ、大きな樹がコートを分ける目印になる。ブランコや滑り台やトイレの意味は、そこでくり広げられる行為に応じて、瞬く間に変容していく。

子どもたちと一緒に全力で遊んで、僕はヘトヘトになった。心ゆくまで原っぱで遊ぶなんて何年ぶりだろう。僕もまるで小学生に戻った気持ちだ。みんなで家路に就こうとすると、TくんのHくんが、「ぼくもTくんの家で勉強する！」と言い出した。その日の「数学の会」は、いつもよりメンバーが一人増えて、全部で四人になった。遊んでいるのか、学んでいるのか。教えているのか、教えてもらっているのか。そんな区別が意味をなさないような時間に、僕もワクワクしている。

『原っぱと遊園地』に、小学校について書かれた印象的なエピソードがある。それは、青木氏が見た、一枚の写真のことである。新疆（しんきょう）アルタイ山で撮られたその写真には、草原のなかに板を立てかけた一人の男と、そのまわりを囲む二十数人の子どもたちがいる。平たい石を積み、三々五々地べたに座り、子どもたちは男の話に聞き入っている。校舎がまずあり、そこで学びが始まるのではない。学びが始まり、そこに「学校」という状況が生まれるのだ。

ドッジボールで泥だらけになり、汗だくになった子どもたちと数学の問題を解いているとき、僕はその一枚の写真のことを思い出していた。新たな学びの場をつくっていくことは、場所を手に入れてからでなくてもできる。そういう確かな手応えを感じ始めていた。

僕はいま、この原稿を、京都の平安神宮の近くの、小さな二階建ての町家で執筆している。築年不詳のいまにも傾きそうな家だが、僕はここを、新しい学びの場にしていきたいと思い、数日前に賃貸契約を結んだのである。一階を書斎兼小さな図書室として、二階を子どもたちや学生、友人たちと勉強するための寺子屋のようなスペースにしたいと考えている。

逆説的だが、「場所がなくても場をつくれる」と確信してからほどなく、僕は新たな「場所」を手に入れることになった。Tくんと勉強会をしたり、自宅で小さな子どもと百人一首を読んだり、そういう「教育義務」のささやかな実践を始めるうちに、歩むべき道がはっきりしてきたのだ。気づけば、夢中になって近所の物件を探し始めていた。

『荘子』斉物論篇に、荘周が夢で胡蝶になる有名な一節がある。

昔者、荘周は夢に胡蝶と為る。栩栩然として胡蝶なり。自ら喩しみて志に適する与。周たるを知らざるなり。俄然として覚むれば、則ち蘧蘧然として周なり。知らず、周の夢に胡蝶為るか、胡蝶の夢に周為るか。周と胡蝶とは、則ち必ず分有り。此れを之物化と謂う。

荘周は夢のなかで蝶となった。嬉々として心ゆくまで楽しげに舞い、そのときはすっかり蝶であった。蝶であるとき、荘周は自分が荘周であると思いもしていない。だが、目覚めてみると、ハッとして彼は再び荘周だった。いったい荘周が胡蝶の夢を見ていたのか、それとも蝶が荘周の夢を見ていたのか、判然としない。しかし、「周と胡蝶とは、則ち必ず分有り」。荘周はどこまでいっても荘周であり、蝶はあくまで蝶なのである。自分が自分であるままに、その自分がいつの間にか、別の物へと化していたのだ。荘子は、この驚くべき生成変化の妙を「物化」と呼んだ。

冬の寒空に枯れ枝をのばして立つ老樹が、繊細で瑞々(みずみず)しい、鮮やかな花を咲かせて道行く人の心を摑む。その花もやがて散り、大地に還っていくだろう。冬が春に変わるのではなく、生者が死者になるのでもない。いまがいまであり、自分が自分であるままに、気づけば冬は春であり、生者は死者に化しているのだ。自然は絶えず「物化」していく。だから、いまある場所を引き受けることは、いまある場所にとどまることではない。

岡崎の古びたこの小さな町家で、これから何が起こるだろうか。いまがいまであり、自分が自分である積み重ねの果てに、僕も、この場所も、やがてすっかり別の何物かへと化していくだろう。ここに集った子どもたちが、まるで夢に胡蝶となった荘周のように、想像もできない何物かに化け、「栩栩然(くくぜん)として」飛翔していくことを、僕はいまから楽しみにしている。

〈参考文献〉
中島隆博『「荘子」鶏となって時を告げよ』岩波書店(二〇〇九)
『荘子Ⅰ』森三樹三郎訳、中央公論新社(二〇〇一)

かぞえる

二〇一八年五月二十三日

長い出張から久しぶりに京都に戻った。つい数時間前まで椰子(やし)の木が立ち並ぶ日南の海岸沿いを車で走りながら、宮崎の雄大な自然を前にして息をのんでいたのだった。そのすべても、いまは遠い記憶の彼方だ。雨の降る東山の麓には、ただ蛙の鳴く声だけがする。疏水の上を、蛍が一匹飛んでいる。

家に着くと、とっくに眠ったはずの息子を起こさないよう、僕は慎重に玄関の戸を開いた。腕には、宮崎の高校生たちにもらった大きな花束がある。百合の甘い香りが室内に広がる。今日は、宮崎の高校で講演をしたのだ。玄関の明かりを消したまま、音を立てないよう手探りで戸の鍵をそっと閉める。

　そこに、たったったったっ、と元気のいい足音がした。布団を飛び出し、息子が玄関に駆けてきた。十一時近くだというのに、まだ起きていたみたいだ。花束を抱えた僕を見上げ、「おとーさん、じょーずにおはな、とってきた！」と、目を丸くしながら彼は叫んだ。口調が、最後に聞いたときより随分大人びている。二歳三カ月になった息子と、六日ぶりの再会である。


　白川静の『文字講話Ⅰ』（平凡社ライブラリー）によれば、「かぞへる」という言葉はもともと「か＋そへる」で、一日ずつ、二日（ふつか）、三日（みっか）と、過ぎ去った日に「か」の音を「そえ」ていくことに由来するらしい。楽しみな日を待ち焦がれながらかぞえる。過ぎ去った日の記憶を反芻（はんすう）しながら、姿なき時の流れに一つずつ「か」をそえていく。そうして古代の人たちは、茫漠とした時間の流れに、形を与えようとしたのだろうか。

　息子が一歳半を過ぎた頃から、二人で風呂で、一緒に数を数えるようになった。肩まで湯に浸かり、声を合わせて「いち、に、さん、し、ご、ろく、なな、はち、きゅう、じゅう！」と唱える。もちろん彼は、まだ数の概念を理解してはいない。

先日も朝ごはんに並んだパンケーキを指して「何枚ある?」と聞いてみた。息子は、五枚しかないパンケーキを指差しながら「いち、に、さん、し、ご、ろく、なな!」と、自信満々に「数えて」みせた。

出張に出る前、僕は息子に、「来週帰ってくるからね。今回は長めの留守番になるよ」と伝えた。そのとき息子は、少し考えるようなそぶりをしたあと、「おとーさん、いいこにしててね!」と、僕を明るく見送ってくれた。六日ぶりに息子を抱き上げ、「あれから毎日、この日を楽しみにかぞえていたよ」と、僕は心の中で言った。

数えることのできない息子に、世界はいまどう見えているだろうか。おやつの時間に食べるクッキーの数を、いつもより一枚だけ減らしてみたとき、彼はそれに気づく様子もなく、ただ大切そうに一枚ずつ、いつものように夢中になって食べていた。寝る前、「今日は何して遊んだ?」と聞いても、彼は平気で昨日や一昨日のことを言う。彼は、自分の生きる時間にかぞえることをまだ知らないのである。数で分節される前の世界を、彼は僕よりはるかに「いま、ここ」に集中しながら生きている。

数には、人の心の向きをそろえる働きがある。「六日後に会おう」と約束すれば、まだ来ぬ時間に向かって心が揃う。「右から二本目の椰子の木」と言えば、会話している二人の注意が、同じ木の方へ揃う。数は世界を切り分け、その切り分け方に応じて、人の心の向きを揃えていくのだ。

子どもは数を覚える前から、人と心が揃う喜びを知る。息子がしたがる遊びの多くは、ただ純粋にこの喜びを味わう遊戯(ゲーム)だ。

僕がシャワーを浴びているとよく、息子が浴室のガラス戸の向こうから「たっち!」と、手のひらを戸に当ててくる。曇りガラスの向こうに、小さな手のひらがうっすらと浮かぶ。僕も「たっち!」と言って、ガラスの反対側から彼の手の上に自分の手を重ねる。今度は、彼が足の裏を「たっち!」と言ってガラス戸にくっつけてくる。僕もすかさず「たっち!」と同じ場所に足を当てる。延々とこのくり返しである。手でタッチされたら、手で返す。足でタッチされたら、足で返す。二人のあいだにルールが生まれ、彼はそのルールに気づき、それを分かち合うことを楽しんでいる。

人は他者と共鳴し、共感しながら、社会を生きる存在である。人の振る舞いを予測し、予測されながらやりとりするうちに、自然とそこにルールが生まれる。人と会ったらあいさつをする。食事が終わるとごちそうさまという。すべては、時代や場所によって移り変わるルールだ。明文化された法律だけでなく、私たちは他者とのやりとりを通して生成するルールに気づき、それに従い、ときにはそこからあえて逸脱しながら生きている。

息子はまだ数の意味を理解していないが、やがて数を身につけ、「計算」することだって覚えていくだろう。計算するには、ルールを理解し、それを正確に守る必要がある。何気ない遊びのなかで、そのための準備はすでに始まっているのだ。

全国各地で子どもたちに向けて講演するとき、僕は彼らの溌剌としたエネルギーに力をもらうと同時に、明るい希望だけを語ることのできない自分にもどかしさを感じる。彼らが子や孫を持つ頃、世界はどう変わっているだろうか。はたして平和で安全な暮らしができるだろうか。僕には正直、まったく予測がつかないのである。

人と人のやりとりからルールが生まれる。そのルール自体が、時代の変化とともに変容していく。それまで当たり前と思われていたことが、時代の移り変わりとともに崩れ去っていくこともある。

教育や医療、環境や経済、政治やメディアなど、いまあらゆるところで既存の制度が壊れつつある。これからは与えられたルールに適応するだけでなく、新しいルールが生成していく場面に、参加していく力が求められるだろう。

数を覚え、計算を学び、ルールに従って記号を操作していく。それももちろん大切なことだが、そもそもルールがどこから生まれ、何を目指して共有されているのか、そのことを自覚できなくなっては元も子もない。

数を通して心を揃え、「いま、ここ」よりも広い場所へと想像力を解き放っていくこと。数に使われるのではなく、数が使いこなせるようになるのは、決して簡単なことではないのだ。

僕たちは数えることができるずっと前から、人と共感し、共鳴することを楽しんでいた。数で世界を分節する前から、人と心が揃うことを喜んでいた。数と計算が隅々にまで行きわたった世界が、同時に血の通った場所であり続けるためにも、数を知る手前で無邪気に遊んだ、あの原風景を忘れずにいたい。

IV

二〇一八年七月一日

パリ

今朝はミシマ社の三島さんとトロカデロ広場に面したカフェ Carette(カレット)で朝ごはん。朝食のジュースをオレンジにするかグレープフルーツにするかで迷っていると、三島さんが「朝のグレープフルーツには体内時計を調整する機能がある」と力説しはじめる。根拠が不明でもなぜか彼は確信している。その確信を、人に押し付けようとはしない。なのに、なぜかこちらまでそれを信じたくなってくる。結局、二人でグレープフルーツジュース付きの朝食を頼む。

セーヌ川にかかるビル・アケム橋をわたり、ドレセール通りからトロカデロ庭園を通って、シャイヨー宮を抜ける。エッフェル塔の様々な表情を楽しむことができる僕のお気に入りの散歩コースだ。パリが初めてという三島さんに、僕もたいして詳しくないのに、わかったような顔をして案内をする。道中、ミシマ社の京都オフィス移転について話を伺う。不動産屋のミスで、いまのオフィスの契約延長が不可能になり、にわかに移転を余儀なくされているという。これを機会に、さらに素敵なオフィスが見つかるといいが……。夢中になって話をしていると、ここがどこなのかわからなくなってくる。

旅に来ると、世界は狭くて広いと感じる。

数日前、ベルリンにある森鷗外記念館を訪ねた。森鷗外が明治十七年に留学したとき、横浜港を出発してマルセイユに到着するまで、およそ一カ月半かかったそうだ。それがいまや飛行機に乗って本を読んで、映画を見ているうちに着く。こんなにもヨーロッパは近くなったが、ここまで来ればだれも自分のことなど知らない。見たこともない店や場所で、自分には聞き取ることのできない言葉で、会話が交わされ、感動が生まれ、人が怒り、笑い、心配している。自分がいようがいまいが、びくともしない世界が進行している。

日本に帰れば、京都の小さな古民家で、僕は家族や友達と笑い、泣き、走り、眠り、そしてここにいる人には通じない言葉で、思索し、読み、書き、語り続ける。世界はなんて狭くて広いのだろうと思う。

昨夜はパリ日本文化会館のホールで、哲学者フランソワ・ジュリアン（François Jullien, 1951-）と「対話」をする場が開かれた。これは、パリ日本文化会館の川島恵子さんとファブリス・アルデュイニさんの尽力により実現した企画で、対話の相手として僕がジュリアンを希望したのは、昨年、彼の著書『道徳を基礎づける』を読んで強く触発されたからだ。

紀元前四世紀の孟子と、十八世紀の啓蒙思想家たちを対峙させながら、新たな道徳哲学の語り方を立ち上げていくこの本のなかで、孟子の言葉は、ルソーやカントと同じ土俵に乗せられ、意外なほど新鮮な輝きを放っていた。逆に、道徳の基礎づけをめぐる啓蒙思想家たちの膠着（こうちゃく）した論争も、古典中国思想の照明のもとで、議論の布置を変えられていく。両文明を横断しながら、相互の思考に揺さぶりをかけていくジュリアンの手捌き（てさば）は見事だった。

その後、ジュリアンの和訳もしくは英訳されている著作を片っ端から読んだ。なかでも、彼の代表作の一つ『普遍的なもの、画一的なもの、共通のもの、そして文化間の対話について』（未邦訳。原題は"De l'universel, de l'uniforme, du commun et du dialogue entre les cultures"）からは大きな影響を受けた。

彼はこの本のなかで、「普遍」概念が形づくられてきたヨーロッパ固有の歴史を描き、「普遍」と似て非なる概念として、現代の世界に「画一的なもの」や「共通のもの」が蔓延している状況を浮き彫りにしていく。画一性の暴力に屈するのでもなく、狭隘（きょうあい）な共通性に逃げ込むのでもない、第三の道を模索するために、彼は「普遍」の概念を再活性化していこうとする。そこで彼が提案する「普遍化可能であること（l'universalisable）」と「普遍化すること（l'universalisant）」の区別に刺激されて、僕は数学史における「普遍」について、再考をはじめることになった（この後の一連の思考は『新潮』二〇一八年七月号に論考「『普遍』の探究」として寄稿した）。

僕は、対話の日を心待ちにしていた。とはいえ、対談が一筋縄にはいかないだろうとも予感していた。

イベントの実現が決まった当初、僕は深く考えることもなく、対話は英語で行われるものだと思い込んでいたのだ。ところが、その考えをスタッフが伝えたところ、ジュリアンはかなり厳しい口調で「(森田が) 日本語で話さないのなら僕は行かない」と答えたそうだ。

dialogue はもともと、dia+logos である。それは、「言葉 (logos)」によって「横切って (dia)」いくべき「隔たり (écart)」を前提とする。「画一的なもの」や「共通のもの」によって安易に隔たりを埋めようとするのではなく、あくまで乗り越え難い隔絶に直面した上で、互いの言葉を「翻訳」していくこと。その緊張のなかで、自己の言葉を編み直していくこと。その手間と時間のかかるプロセスこそが、「普遍的なもの」に至る道だと彼は説くのだ。

日本語を母語とする僕と、フランス語を母語とする彼との対話はそのため、それぞれの母語で、通訳を介して行われなければならない。それが、彼が対話を引き受ける際の譲ることのできない条件だった。

対談の当日、ジュリアンはイベント開始の十五分前に、予定より二時間近く遅れて現れた。これが、初対面である。スペインから帰国し、空港から直行してきたが、道が混雑して遅れたのだという。矢継ぎ早に質問をされ、思わず英語で答えようとすると、すぐさま「英語はやめなさい」と戒められた。

対談に先立ち、まず僕が一時間の講演をすることになっていた。逐次通訳を挟むので、実質的には三十分程度だ。そのなかで、ジュリアンの「普遍」をめぐる考察を踏まえて、「アプリオリな普遍」から「生成する普遍」へと、数学史における「普遍」概念が変容してきた過程を振り返った上で、「わかり方」のもう一つの可能性として、岡潔の数学と思想について話した。

これを受け、後半はジュリアンからの応答である。彼はまず、「対話」がdia＋logosであること、したがって相互の「隔たり」から出発すべきことを確認したあと、隔たりを乗り越えていくためには「十分な時間をかけること」が肝心だと述べた。僕の講演に関しては、数学を文化として捉えようとするアプローチと、道元や芭蕉の思想と結びつけて数学を語る方法が刺激的で、数学に対する見方が変わる体験だったと感想を伝えてくれた。

ところがその後、いくつかの言葉の微妙なニュアンスのくい違いがもとで、実際には僕が意図したのではない主張に対するジュリアンからの「反論」で残り時間の大部分が流れる。ジュリアンの最初の言葉とは裏腹に、実際には「対話」を展開するための「十分な時間」はなかったのである。

彼は次にアルゼンチンに移動する予定があって、すでに残された時間はわずかだった。その場で双方向のやり取りに進展することがないまま、空港に移動するため、彼は急いで会場を後にした。二人の間に横たわる「隔たり」は開いたまま、そこを超えていく言葉は生まれなかったのだ。

僕は、今回のイベントのために用意した原稿をこれから翻訳していき、手紙としてあらためてジュリアンに投げかけ、さらなる対話の継続を提案していくつもりである。対話は時間のかかるものであり、待つことが何より重要なのだと、彼自身、何度もくり返し述べていたのだ。ここから対話は続くかもしれないし、あるいはもう、続かないかもしれない。いずれにしても、このもどかしく、効率の悪い dialogue を、僕はこれからも楽しんでいきたいと思う。

母語

二〇一八年九月一日

フランスから帰国し、二週間ぶりに京都の自宅に帰宅すると、「お父さんおかえり！　ふらんすにいってきたの？」と、息子が足元に駆け寄ってきた。僕が知っている二週間前の彼より、ずいぶん言葉が流暢である。

どんな言語でも発音できる柔軟な舌を持って生まれる子どもは、成長の過程でその能力の大部分を失っていく。環境によっては、何語を話していたとしてもおかしくない彼の舌は、いま、日本の言葉だけを発音している。

人は、自分に先立つものから、肉体とともに、最初の言葉を与えられる。夢中になって乳を飲むとき、子は「母」の言葉に包まれている。子の最初の思考と認識は、このとき母の語りかけてくる言葉、すなわち「母語」のなかで形成される。子の世界は、母語を通して編まれつつ、同時に母語の構造のうちに閉じ込められていく。

偉大な哲学者であり数学者でもあったゴットフリート・ライプニッツ（Gottfried Leibniz, 1646-1716）には、「ドイツ語の鍛練と改良に関する私見」という論文がある。三十年戦争が終結する目前、スウェーデン軍占領下のライプツィヒで生まれたライプニッツは、政治的にも文化的にも中心を欠いたヨーロッパの後進国を、言葉から立て直していこうとしたのだ。母語の限界を突き破るために、それをつくり変えていこうという発想がここにある。

ライプニッツの時代、ドイツ語は文化的に貧弱な言語とみなされていた。この頃、ヨーロッパで圧倒的な権威を誇っていたのはフランス語である。隣国の言葉が、大きな影響力で圧倒してくるなか、彼は母語たるドイツ語を早急に改革する必要を感じていたのだ。

ライプニッツにとって、言語を改良するとは、何より語彙を拡充していくことだった。そのためには良質な単語を収集すること。場合によっては、忘れられた単語を復活させること。あるいは、外来の優れた単語をドイツ語の仲間として迎え入れること。さらに、必要とあれば、新しい単語を一から構成していくことを彼は提案した。

その際、具体的な物や手工業に関わる事物に関して、ドイツ語はすでに十分豊富な語彙を持つと彼は自負していた。他方で、五官で触れることのできない抽象的な事物、たとえば論理学や形而上学で話題とされるような事柄に関しては、「ドイツ語の欠陥が目につく」というのが彼の診断だった。

ライプニッツの思想を継承したクリスティアン・ヴォルフ（Christian Wolff, 1679-1754）は、この計画を組織的に実行に移した。「概念」を意味するBegriffや「数」を意味するZahl、「距離」を意味するAbstandなどはすべて、ヴォルフ以後に普及していく術語だ。明治の日本人が文化言語の模範として熱心に学んだのは、こうして改良された後のドイツ語だったのである。

母語の改良と育成というプロジェクトはしかし、ライプニッツの言語をめぐる取り組みの一つにすぎない。並行して彼が目論んでいたのは、新たな人工言語の創造だ。ライプニッツの学問の出発点である「結合法論」（一六六六）のなかに、すでにその構想の芽がある。そこで彼は、あらゆる整数が素数の積によって得られるのと同様、あらゆる概念もまた「原始概念」の「結合」によって得られるという着想を提示している。たとえば、15という整数が、3と5という二つの素数の積として実現されるように、「人間＝理性的・動物」という具合に、概念は、それより「原始的」な概念の「結合」によって実現されると考えるのだ。

ライプニッツはやがて、こうした概念間の結合を、ある種の演算と見る立場を確立していく。原始概念に適切な記号を割り振り、結合を記号間の演算とみなすことができれば、概念の生成過程それ自体がある種の「計算」のプロセスに見えてくる。

彼はさらに、論文「数によって推論を検査する方法」（一六七九）のなかで、「概念あるいは思想を正確に表現する適切な記号を考案して新しい記述言語を作る」ことで「計算だけで、現に最も困難な真理すら判断」できるようになる可能性を描く。コンピュータの誕生に先駆けることおよそ三百年前、彼はまるで計算するかのように真理を発見できる新しい言語の創造を夢見ていたのだ。

母語の育成という慎ましやかな目標に比べて、これははるかに壮大な構想である。この構想はやがて、数学的な思考という限定された領域においてとはいえ、十九世紀の後半、ゴットロープ・フレーゲ（Gottlob Frege, 1848-1925）という数学者の手によって現実となる。フレーゲは、ライプニッツの夢を洗練させて、数学的な概念の形成と正確な推論のための新たな記号言語を生み出した。「概念記法」と彼が名づけたそれは、語彙、文法、推論規則がすべて明示的に特定された、画期的な人工言語である。この「人工言語」が、後のコンピュータと、それによって可能になる「人工知能」研究の礎石となる。母語からの解放を願ったライプニッツの夢はこうして、思わぬ形で現代にまで伝わってきているのだ。

＊＊＊

僕の息子は、生まれてすぐに、近くの総合病院に運ばれ、二度の手術を経て、生後最初の一カ月をＮＩＣＵで過ごした。そのため、母に抱かれることも、乳を吸うこともはじめは叶わなかった。母からの言葉の代わりに、断続的な警報音が、病棟ではいつも鳴り響いていた。

世界には空がある、風が吹く、静寂がある、暑さや寒さがあるということを、僕は一日でも早く彼に知らせたかった。空が青いということ。風が優しいということ。静かさのなかでも世界は動き続けているということを、彼と早く分かち合いたかった。

だから病院の外へ、最初の一歩を踏み出したときの喜びは格別である。彼が生まれてちょうど一カ月目の朝だ。三月の空は青く澄んでいる。風が涼しく、太陽の光が眩(まぶ)しい。息子は珍しそうな顔で目を見開いたあと、ホッとしたような、懐かしそうな表情で目を閉じて眠った。

二歳半になった息子は、力いっぱいたくさんの言葉を語るようになった。雨音を聴き、からだに雨粒が当たるのを感じるたびに、彼が「あめ」と発する声に実感がこもる。友達と遊ぶ嬉しさとともに、あるいは夕暮れの寂しさや、怪我をした痛みとともに風に吹かれるたびに、彼の「かぜ」という言葉の色どりが増す。彼は、彼を取り巻くすべてから言葉の生命を汲みとりながら、これからも「母語」を育んでいくだろう。

パリでのジュリアンとの対談はあっけない形で終わったが、その過程で僕は、「母語」で「対話」するということの意味について、思いがけず深く考えさせられることになった。何より、対話に臨む彼の姿勢が、強烈に印象に残った。ジュリアンは終始、通訳を通して変形されていく僕の言葉に耳を傾けながら、わかることよりも、わからないもどかしさを楽しんでいるように見えた。

「隔たり」の彼方から響く声に耳を傾け、わからないという緊張のなかで言葉を編んでいくことが「対話」だとするなら、僕らは生を授かったその瞬間から、一つの対話に投げ込まれているのではないか。

春の光、風の匂い、虫たちの鳴く声を全身で感じながら最初の言葉が咲くのを待つ子は、すでにその対話の入り口にいるのかもしれない。

〈参考文献〉

田中克彦『ことばと国家』岩波新書（一九八一）
G・ライプニッツ『ライプニッツの国語論　ドイツ語改良への提言』高田博行・渡辺学編訳、法政大学出版局（二〇〇六）
G・ライプニッツ『ライプニッツ著作集1　論理学』沢口昭聿訳、工作舎（一九八八）

探求

二〇一八年十月一日

先日、息子の幼稚園の体験入園に出かけてきた。動物のぬいぐるみを手に童謡を歌う先生たちの方を、じっと大人しく座って見つめる子どもたちのなかで、息子は、部屋中を駆け回り、しまいには先生の前へゴミ箱を持って、嬉々としてダイブしていた。彼は明らかに、期待されているはずの規範から逸脱した行動をしていた。僕はその場で、彼を叱るべきか迷った。

守ることもできれば、破ることもできる「規範」に従って人間は社会を営む。同じ規範に、尊ぶべき「英知（wisdom）」を見るか、乗り越えていくべき「偏見（bias）」

を見るかで、現実はかなり違って見える。子育てをしていると、英知と偏見の線引きの難しさに、何度も直面することになる。

環境から閉ざされたコンピュータにしかるべき規則さえ与えることができれば、機械は知的に振る舞うことができると、信じられていた時代もあった。ところが、与えられた規則に服従するだけの機械は、その規則によってあらかじめ規定された枠(frame)の外に出ることができず、固定された問題を解く以上の知性を発揮しないことが次第に明らかになる。そこで、コンピュータに身体を持たせて、現実の環境に埋め込むことで、状況(situation)に寄り添った、柔軟な振る舞いのできる機械を作ろうとする動きが出てくる。整った理想空間のなかで、理性的に推論するだけでなく、不都合と予測外に満ちた環境で、何とかやりくりしていく力もまた立派な知性なのだという認識がここに芽生える。

現代の教室はしかし依然として、不都合と予測外が排除されたノイズの少ない空間である。そこでは、学ぶものの働きかけによって変わることのない不動の「知識」が供給される(ということになっている)。人間の思考と認知が、いかに環境に漏れ出しているかをこの数十年の認知科学が明らかにしてきたとすれば、教室に閉じ込められた子どもたちは、環境に漏れ出していくことがないよう、未だ慎重に管理されている。この特殊な空間のなかで、おとなしく授業に参加できない子どもたちもいる。それは果たして、「尊ぶべき英知」への敬意を欠いた無作法なのか、それとも「根拠なき偏見」を乗り越えようとする挑戦なのか。見極めることは簡単ではない。

現代は自明視されていた様々な規範が、音を立てて壊れていく時代だ。規範には知恵と偏見の両面があり、実際には、線引きが画然とできないことが多い。規範が比較的安定しているうちは、それを知恵として尊び、共同で支えることで、社会の予測可能性を保つことができる。ところが、規範が高速で変容していくいま、大人しく規範を受容できる従順さよりも、規範を知恵としてみる視点と、偏見とみなす観点を、自在に切り替えることのできる柔軟さの方が求められる。同じルールを保守すべきと頑なに拘(こだわ)るのでもなく、悪しき思い込みだと馬鹿にするのでもなく、見方を臨機応変に切り替えながら、複数の現実を並行して生きていく力が必要とされているのではないだろうか。一つだけの物語を信じることができた時代より、不確かで、知的負荷の大きな時代を僕たちは生きている。

不確かな時代は、いつも恐怖を煽る言説が蔓延る。しかし、「パニクるのではなく戸惑え」と、『サピエンス全史』や『ホモ・デウス』の著者ユヴァル・ノア・ハラリ（Yuval Noah Harari, 1976-）は近著『二十一世紀のための二十一のレッスン』（未邦訳。原題は"21 lessons for the 21st century"）のなかで忠告している。なぜなら、不確かな未来を恐れてパニックに陥ることは、不確かな未来は「悪い」未来であると、決めつける傲慢さの裏返しだからだ。「戸惑い（bewilderment）」は「パニック」よりも謙虚なのである。「恐ろしい未来がくる！」と思考停止で叫ぶよりも、「何が起きてるのかさっぱりだ」と困惑しながら、考え続けることの方が前向きだ。

僕もいま、困惑している。これからどんな時代が訪れるのか、たった十年後の世界がどんな場所になっているか、僕には想像もつかないのである。

こんな時代に、子どもにどういう教育を受けさせるべきかと、同世代の子を持つ親に聞かれることがある。僕が思うに、「子どもに教育を受けさせる」という発想を捨てることこそ、まず一番にやるべきことではないだろうか。

「子どもに教育を受けさせる」というとき、どこかで自分は「学び終わって」いる側で、子がこれから「学ぶ」時代に突入するのだという考えが頭にあるのではないか。しかし、制度や規範が流動化している現代において、学びが終わるということはない。学ぶことは安定した大地の上にピラミッドを建設することより、どちらかといえば、荒波の上で、サーフボードを操縦し続けることに似ている。絶えず重心と姿勢を調整しながら、動き続け、考え続けないといけないのである。足場を固定し、人生の序盤で蓄えた知識でやりくりしていくことができるほど、世界はもう単純ではない。

私は研究者（investigator）である。私は探りを入れる。私は特定の観点を持たない。（……）探求者（explorer）はまったく首尾一貫していない。いつどの瞬間に自分が驚くべき発見をするのか、彼は決して知らない。

これはマーシャル・マクルーハン（Marshall McLuhan, 1911-1980）の言葉を編んだアンソロジー『マクルーハン——ホット＆クール』（原題は "McLuhan: Hot & Cool"）に、本人が寄せた文の一節である。特定の観点から世界を見晴らし、首尾一貫した物語を構築するのではなく、全貌を把握できない未知の世界に自らを投げ込み、探りを入れる。彼は自分が、その意味での「研究者（investigator）」であると宣言するのだ。

彼の「make probes」という言葉を「探りを入れる」と訳したが、probeは「探針」や「探り棒」のことで、「make probes」というのは、外から眺める代わりに、知りたい世界の中に入り込み、全身でそれに触れることで、情報を得ていく方法を意味する。知ることは働きかけることであり、学ぶことは、学ぶべき対象とともに自己を変形させていくことだというイメージをありありと喚起させる表現である。

人はすべて、意味の確定していない未知なる世界に投げ込まれた存在である。大人も、子どもも、「いつどの瞬間に自分が驚くべき発見をするのか」知らない「研究者」として生きることができる。僕ができることは、子どもにどのような教育を受けさせるべきか悩むことではない。子どもに自分の「知識」を授けることでもない。ただ、彼らの手を引き、ともに同じ「探求者」として、未知に飛び込み、戸惑いながら、この圧倒的に不思議な世界に「探りを入れ」続けていくことだけである。

二〇一八年十二月三十一日

現在（プレゼント）

僕はいま自宅の駐車場に停めた車の中でこの原稿を書いている。妻が体調を崩して寝込んでいるため、ここ一週間ほどフルタイムで子守と家事にかかりきりなのである。息子が寝ているあいだだけが、自由に使える時間だ。今日は、鴨川に出かけたいという息子を車に乗せたところ、すぐに寝てしまったので、「いまだ！」とばかりに駐車場に戻ってパソコンを開いた。

五年間続けてきたこの連載が、三月に本になる。今回の原稿は、本に収められる最後のエッセイになる。時間をかけてじっくり取り組みたかったが、現実には一人になる時間を確保することもままならない状況である。だが、物事の運びがはかばかしくないこと、はかどらないことは、必ずしも悪いことばかりではない。

『大言海』によれば、「はかばかし」や「はかどる」の「はか」は、もともと田んぼを区画に分かつときに使われた言葉だそうだ。数区に分かたれた田を、かつては「一はか、二はか」などと数えたのだという。それがやがて、仕事の進みやはかどりを意味する言葉になった。

頼りなく移ろい続ける世界に、単位という基準を打ち立て、それと比較して物事をはかる。こうして把握される「比（ratio）」を通して世界を認識できるという考えは、数学という営みの源流にある。はかられた量は、対応する表象を操作することで「計算」できるようになる。何千年もかけて数学は、この「計算」という営みに秘められた可能性を掘り起こしてきたのである。あらゆる計算を遂行できる機械（＝コンピュータ）が社会の隅々にまで浸透していくと、すべてを「はか（測、計、量）」ることで、さらなる便利と効率を追求しようという動きも出てくる。そんな時代に、はかばかしくあること、はかがゆくことは、そうでないことに比べて正義であると、まるで当然のことのように信じられている。

子どもの住む世界に、はかどりをはかるための基準はない。物事に単位の物差しを押し当て、固定された尺度と比べてはかるという発想がない。はかのない世界を、はかのないままに、彼らはすべての瞬間を渾身で生き抜く。


クリスマスにサンタにもらった大きなダンプカーのおもちゃで、河原の石を集めて運ぶのが、息子はいまは楽しくて仕方ない。寒くて、他に遊んでいる子などいない河原で、彼は夢中になって石を運ぶ。「大きな石を見つけようよ！」と、こちらを振り返っては、弾んだ声で呼びかけてくる。

雨が降り始める。僕は、彼がこのままでは風邪を引くのではないかと心配になる。息子はさっきまでと変わらず、淡々と石を運び続ける。僕の頭はいつも「いま」を、過去や未来との対比のなかで「はかる」ことで忙しいが、それに比べて息子は、はかない「いま」に、全身で没入している。無数に転がる石たちのなかから「これ」という石を選び出す彼の仕草を見ていると、「思いやる」とか「思い入る」というのは、こういうことを言うのかもしれないと思われてくる。

ちょうど一年前の正月は、東京の病院にいたのだった。息子が大晦日から入院することになり、何気ない平穏な毎日がいかにはかないものかを実感することになった。そのはかなさのなかにも、目を開きさえすれば、明るい光が差し込んでいるということもまた、このときに学んだのだった。

「物の見へたるひかり、いまだ心にきえざる中にいひとむべし」と芭蕉は言った。いかなる「おもんぱかり」もなく、ただ現在を渾身で生きる子どもの世界は、はかない瞬間の「ひかり」に包まれている。

唐木順三は著書『無常』のなかで、王朝期の宮廷という停滞社会に生まれた「はかなし」という情緒が、「兵」たちの実存体験に根ざした「無常」の実感へと転じ、それがやがて、道元において、冷厳な事実としての無常観へと変容していく過程をつぶさに描き出している。「はかなし」と題されたこの本の最初の章に、次の一節がある。

無常の無、ニヒリズムのニヒルにおいて不安と無根拠を感ずるとき、ひとは有常、恒常なるものを求める。絶対的なもの、権威を探す。そしてその絶対的権威に頼って自己の安定化を計る。さまざまなる意匠がここに出現するわけだが、ひとはそれをさまざまなるものの一つとは考えたくないという傾きをもつ。即ち特殊なるものが絶対化される。

はかばかしくあること、はかどること、そしてすべてが思い通りに進捗していくことが、現代においては、絶対の価値であるかのように信奉されている。そこでは、世界に「はか」という尺度を押し当て、物事を単位と比べて相対的にはかるという姿勢自体の特殊性があらためて顧みられることはない。

はかのない世界に、人が拵えた「はか」を押し当てていく。そうすることではじめて浮かび上がってくる世界がある。だが、はかり、はかどることばかりに躍起になって、はかない瞬間の光をつかむことができなくなっては本末転倒である。

雨が強くなるのではないか。風邪を引くのではないか。仕事が思うように進まないのではないか。そんな心配ばかりして、お父さんはいったい何を探しているの？ いま目の前には、こんなに大きな石があるのに。

はかばかしく、はかどることだけではつかむことのできない、はかない瞬間の贈り物がある。そのたちまちに消えゆく光を、「きえざる中にいひとむ」ためには、慎重にはかられた言葉の世界を丁寧に育んでいく必要がある。

この世のはかなさに開き直るのでもなく、はかばかしさとはかどりばかりにとらわれるのでもなく、はかないこの世界を、思いやり、思い入り、そこにはからずも到来してくる現在という贈り物を、僕は自分自身の言葉でつかみたい。

はかばかしくなく、はかどらない時間の底に、現在という瞬間のかがやきがある。そのことを教えてくれた存在の寝息が、いま僕の背後から聞こえる。

一年が、もうすぐ終わろうとしている。

――あとがき

『岩波古語辞典』によると、「おくり」と「おくれ」は、同根のことばだそうだ。たしかに、「贈り物」を贈るときには、いつも「遅ればせながら」の実感がある。心に抱きながら、伝えられずにいた思いを、おくれの自覚とともにおくるのである。

人は誰もが、この世に遅れてきた存在である。だから、生きることは、学び続けることになる。自分に先立つ人たちが考え、気づき、感じてきたことを、あらためて自分のことばと思考で、摑み直していくことになる。こうして学び、発見していく喜びもまた、いつも「遅ればせながら」の実感を伴う。

学ぶことは、前に進むだけでなく、自分の遅れに目覚めていくことである。自分の果てしない遅れに戦慄(せんりつ)するとき、現在(いま)は、ただいま、いまのままで贈り物になる。

この本は、ミシマ社との長年にわたる共同作業の果実だ。

七年前に京都に引っ越してきてほどなく、僕は三島邦弘さんと出会った。以来、三島さん、そしてミシマ社のみなさんとは、ときに「出版」の枠を大きくはみ出しながら、様々な実験をともにしてきた。収穫を急ぐのではなく、ただ土を耕し続けるような時間を、彼らとはいつも自然体で過ごすことができた。

三島さんには不思議な力がある。ただそこにいるだけで、目の前の人を溌剌とさせるのである。彼は、人間のなかの最良の部分に光を当てて、あとはただそのままにしておく。あるがままでよいと確信できたとき、人は、その人の「本領」を発揮しはじめる。僕は、三島さんの前では、あるがままでよいと、いつも心から思えるのである。

「みんなのミシマガジン」での連載のあいだ、連載を担当してくれた新居未希さんの「最初の感想」がいつも楽しみだった。ことばは、書く人から生み出される以上に、読む人から引き出されるものだ。この本は、季節ごとの連載を楽しみにしてくれた、すべての読者によって引き出されたものである。

「ことば」とは本来、「こと」の「端(は)」だという。ことばは、事実に比べていつも不完全である。肉声によろうが、文字によろうが、ことばは、事実に遅れる宿命にある。だが、ことばにはまた、「こと」を引き起こす力がある。ことばはこのとき、未来への「端(いとぐち)」となる。人は、はじめからあった世界の端(はし)くれとして生まれ、いまだかつてない世界の端(きざし)を示して、滅びていくことができる。おくれ、おくられる人間のことばは、この矛盾をそのまま内包している。

この本が、読者のもとに届く頃には、いまの僕はもういない。
遅れてくるすべてのものたちへ、いま僕は心を込めて、この本を贈る。

二〇一九年二月十三日　森田真生

本書は、「数が生まれる」（『母の友』二〇一八年九月号——「かぞえる」）、
「隔たりの彼方から」（『すばる』二〇一八年十一月号——「母語」）、
「数学の贈り物」（「みんなのミシマガジン」mishimaga.com
二〇一四年一月〜二〇一九年一月——右記二篇を除く十七篇）
をもとに全面的に加筆・修正を加え、
一冊の本として再構成したものです。

森田真生

もりた・まさお

1985年、東京都生まれ。独立研究者。

東京大学理学部数学科を卒業後、独立。現在は京都に拠点を構え、在野で研究活動を続ける傍ら、国内外で「数学の演奏会」や「数学ブックトーク」など、ライブ活動を行っている。著書に『数学する身体』(新潮社、第15回小林秀雄賞受賞)、『アリになった数学者』(福音館書店)、編著に岡潔著『数学する人生』(新潮社)がある。

数学の贈り物

2019年3月22日　初版第1刷発行
2019年4月5日　初版第3刷発行

著　者　森田真生
発行者　三島邦弘
発行所　(株)ミシマ社
〒152-0035　東京都目黒区自由が丘2-6-13
電話：03(3724)5616　FAX：03(3724)5618
e-mail：hatena@mishimasha.com
URL：http://www.mishimasha.com
振替：00160-1-372976

装　丁　寄藤文平・鈴木千佳子
印刷・製本　(株)シナノ
組　版　(有)エヴリ・シンク

ISBN 978-4-909394-19-4